「絵ときでわかる」機械のシリーズのねらい

　本シリーズは，イラストや図を用いて機械工学の基礎知識を無理なく確実に学習できるようにまとめた入門書で，工業高校・専門学校・高専・大学等で機械工学を学ぶ学生や，機械工学関連の初級技術者の方に特に親しまれてきました。

　改訂にあたり，今日の教育カリキュラムの内容を踏まえ，新しい題材や実例に即した記述内容・例題・コラム・章末問題などを充実させています。

本シリーズの特徴
- ★ 機械工学の基礎知識を徹底図解！
- ★ 1つのテーマが見開きで理解しやすい！
- ★ 難しい計算問題は，例題を用いて丁寧に解説！
- ★ 充実の章末問題で，無理なく確実に学習！

「絵ときでわかる」機械のシリーズ編集委員会（五十音順）

安達　勝之	（横浜市立みなと総合高等学校）
門田　和雄	（宮城教育大学）
佐野　洋一郎	（横浜市立みなと総合高等学校）
菅野　一仁	（横浜市立横浜総合高等学校）

絵ときでわかる 機械力学 《第2版》

Mechanical Dynamics

門田 和雄
長谷川 大和 ／共著

Ohmsha

「絵ときでわかる」機械のシリーズ 編集委員会

安達　勝之　　（横浜市立みなと総合高等学校）

門田　和雄　　（宮城教育大学）

佐野　洋一郎　（横浜市立みなと総合高等学校）

菅野　一仁　　（横浜市立横浜総合高等学校）

（五十音順）

本書を発行するにあたって，内容に誤りのないようできる限りの注意を払いましたが，本書の内容を適用した結果生じたこと，また，適用できなかった結果について，著者，出版社とも一切の責任を負いませんのでご了承ください．

本書は，「著作権法」によって，著作権等の権利が保護されている著作物です．本書の複製権・翻訳権・上映権・譲渡権・公衆送信権（送信可能化権を含む）は著作権者が保有しています．本書の全部または一部につき，無断で転載，複写複製，電子的装置への入力等をされると，著作権等の権利侵害となる場合があります．また，代行業者等の第三者によるスキャンやデジタル化は，たとえ個人や家庭内での利用であっても著作権法上認められておりませんので，ご注意ください．

本書の無断複写は，著作権法上の制限事項を除き，禁じられています．本書の複写複製を希望される場合は，そのつど事前に下記へ連絡して許諾を得てください．

出版者著作権管理機構
（電話 03-5244-5088，FAX 03-5244-5089，e-mail : info@jcopy.or.jp）

JCOPY ＜出版者著作権管理機構　委託出版物＞

はじめに

　機械を設計するときにまず考えなければならないことは，その機械にどのような動きをさせるかということである．具体的には，歯車やねじや軸受，ばねなどの機械要素を組み合わせて一つ一つのメカニズムをつくり上げていくことになるが，その基礎となるのが力学である．
　力学は物理学の一分野であり，高等学校の理科でも学ぶ，力や運動を扱うための基礎となる学問である．そして，本書のタイトルとなっている「機械力学」とは，機械工学に関連した力学ということになる．物理は苦手だという方もいるかもしれないが，本書では機械を設計するために必要な力学について，高等学校の力学の範囲をすべて網羅しながら解説を行っている．そのため，機械工学の初心者の方々には，高等学校レベルの力学を復習しながら読み進んでもらえると思う．また，高等学校では物理に微分・積分は登場しないが，本書では必要に応じて，これも高等学校の数学のレベルから，微分・積分を活用した解説を行っている．機械工学の他の分野を学ぶときにも登場することの多い微分・積分についても本書で学んでいただきたい．もちろん，数式の羅列に終わることのないように，その数式のもっている物理的なイメージを頭に描きながら学ぶことができるように「絵とき」ということも十分心がけている．
　機械工学を学び始めた人は，実際に手を動かして目的とする機械をつくり上げることができたときにエンジニアの仲間入りをすることができる．本書では歯車やねじなどの具体的な機械要素はまだ登場しない．それは，力学をそれほど知らなくても，歯車やねじを組み合わせて何らかの動く機械をつくることはできてしまうことへの警告でもある．機械力学の基礎を知らないものづくりは，時間がかかるだけでなく，バランスが悪く，壊れやすいものになってしまう．
　私たちは機械工学と物理学を専門とする高等学校の教員であり，ものづくりにおける力学の基礎を指導する教育に携わっている．これまでの経験を通して生み出された本書が，これから機械工学を学ぼうとする方々への良き入門書となれば幸いである．

　　　2005 年 7 月

著者らしるす

第 2 版改訂にあたって

　「絵ときでわかる」機械シリーズの 1 冊として 2005 年に出版された本書「機械力学」は，この間，多くの読者に支えられて増刷を重ねることができた．高等学校の力学の範囲をすべて網羅しながら機械力学を解説するスタンスの本書が，大学や高専の教科書としても多く活用されてきたことは，著者として喜ばしいことである．

　機械力学の内容は時代によってそれほど大きく変化するものではないが，第 2 版の出版にあたり，本文を見直してより理解しやすい記述を取り入れるとともに，コラムで力学の学習に役立つ三角関数の公式などをまとめた．

　引き続き，これから機械工学の世界に足を踏み入れるための良き 1 冊になれば幸いである．

　 2018 年 2 月

著者らしるす

目次

第1章 機械の静力学

- 1-1 力 …………………………………………… 2
- 1-2 力の合成と分解 …………………………… 4
- 1-3 力のつり合い ……………………………… 8
- 1-4 力のモーメント …………………………… 12
- 1-5 支点と反力 ………………………………… 16
- 1-6 フックの法則 ……………………………… 18
- 1-7 重　心 ……………………………………… 20
- 1-8 トラス ……………………………………… 24
- 章末問題 ……………………………………… 28

第2章 機械の運動学1 ── 質点の力学

- 2-1 速度と加速度 ……………………………… 32
- 2-2 等速直線運動 ……………………………… 34
- 2-3 相対運動 …………………………………… 36
- 2-4 等加速度運動 ……………………………… 38
- 2-5 落体の運動 ………………………………… 42
- 2-6 放物運動 …………………………………… 44
- 2-7 周期と角速度，回転速度 ………………… 48
- 2-8 等速円運動 ………………………………… 52
- 2-9 リンク機構の数理解析 …………………… 54
- 章末問題 ……………………………………… 58

第3章 機械の動力学

- 3-1 運動の3法則 ……………………………… 62
- 3-2 運動方程式 ………………………………… 64
- 3-3 摩　擦 ……………………………………… 68

- 3-4　運動量と力積 …………………………… 72
- 3-5　運動量の保存 …………………………… 74
- 3-6　衝　突 ………………………………… 76
- 3-7　仕事と動力 …………………………… 78
- 3-8　てこ，滑車，輪軸 …………………… 82
- 3-9　力学的エネルギー …………………… 86
- 3-10　慣性力 ………………………………… 92
- 3-11　万有引力 ……………………………… 96
- 章末問題 ………………………………………… 100

第4章　機械の運動学2——剛体の力学

- 4-1　剛体の運動 ……………………………… 102
- 4-2　慣性モーメント ………………………… 104
- 4-3　角運動量 ………………………………… 110
- 4-4　剛体の平面運動 ………………………… 112
- 章末問題 ………………………………………… 116

第5章　機械の振動学

- 5-1　単振動 …………………………………… 120
- 5-2　振り子の振動 …………………………… 124
- 5-3　振動の種類 ……………………………… 130
- 章末問題 ………………………………………… 140

章末問題の解答 ……………………………………… 141
索　引 ………………………………………………… 149

第 1 章

機械の静力学

> 　機械を構成する物体には，必ず何らかの力がはたらいている．機械が動いていない場合でも，物体には力をつり合わせようとする力がはたらいており，これらの関係をまとめたものが機械の静力学である．
> 　本章では機械の静力学として，力の性質や種類，力の合成や分解，つり合いの条件，そしてトラスの各部材にはたらく力などを求めて，動いていない機械にはたらく力を求めることができるようにする．

1-1 力

力では 向きと大きさ 考える

Point
❶ 力の3要素とは，力の大きさ，力の向き，力の作用点である．
❷ 力の種類には重力，弾性力，張力，垂直抗力，摩擦力，浮力などがある．

1 力

　力とは，物体を変形させたり，物体の運動状態を変化させるものである（**図 1·1**）．力には，大きさと向き，作用点という3つの要素がある．これを**力の3要素**という．物体にはたらく力を図示するには，**図 1·2**のように矢印を用いる．この矢印は大きさと向きをもつもので，これを**ベクトル**という．力のベクトルは，その向きで力の向き，長さで力の大きさ，始点で力の作用点を表している[注]．

　力の大きさの単位は N（ニュートン）である．1 N とは，質量 1 kg の物体に 1 m/s² の加速度を生じさせる力の大きさである．

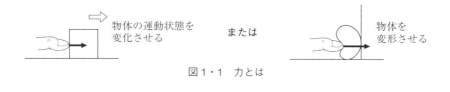

図 1·1　力とは

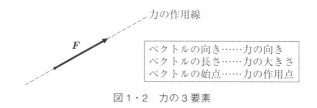

図 1·2　力の3要素

注）　一般にベクトルは $\boldsymbol{F}$, $\vec{F}$ のように表す．また，ベクトルの大きさは F で表す．

❷ 力の種類

物体にはたらく力には，次のような種類がある．

① 重力

地球上のすべての物体に鉛直下向きにはたらく力を**重力**という（**図1・3**）．また，質量をもつ2物体間には必ず引力がはたらいており，これを**万有引力**という．

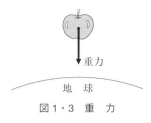

図1・3 重力

② 弾性力

ばねなどの物体に外力を加えると，その大きさに応じて物体は変形する（**図1・4**）．変形した物体がもとに戻ろうとする力を**弾性力**という．

図1・4 弾性力

③ 張力

物体をロープなどで支える場合に，ロープが物体に及ぼす力を**張力**という（**図1・5**）．2つの物体がひもで接続されている場合，2つの物体にはたらく張力は，大きさが等しく，逆向きである．

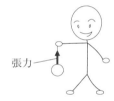

図1・5 張力

④ 垂直抗力

床などに置かれた物体が，床から受ける力を**垂直抗力**という（**図1・6**）．

⑤ 摩擦力

物体が運動する向き，もしくは運動しようとする向きに対して逆向きにはたらく力を**摩擦力**という（**図1・7**）．

図1・6 垂直抗力

⑥ 浮力

流体中の物体にはたらく上向きの力のことを**浮力**という（**図1・8**）．

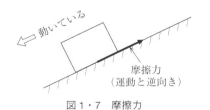

図1・7 摩擦力

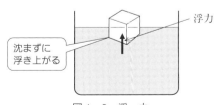

図1・8 浮力

1-2

力の合成と分解

長いツノ 力を分けたり 合わせたり

Point
① 力の合成・分解は平行四辺形の法則による．
② 力の分解は，x-y 座標系で行うことが多い．

1 力の合成

物体に同時に2つの力がはたらいているとき，これと同じはたらきをする1つの力はどうなるだろうか．1つの物体にはたらく2つの力を1つにまとめることを**力の合成**といい，合成された力を**合力**という（図1・9）．

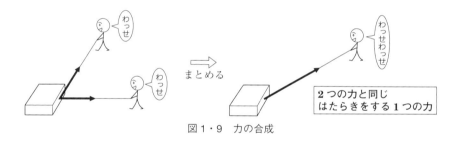

図1・9 力の合成

力は大きさと向きをもつ**ベクトル**である．そのため，合力は単純な足し算ではなく，ベクトルの合成のルールによって定まる．大きさだけをもつ物理量である**スカラー**の合成は，単純な足し算で求められるが，ベクトルの合成は**平行四辺形の法則**によって求められる．原点Oに力 F_1 と力 F_2 がはたらいている場合を考える（図1・10，図1・11）．

合力 F_3 の向きは，平行四辺形の対角線の向きになり，合力の大きさは平行四辺形の対角線の長さに対応したものになる．この関係は次式で表される．

$$F_3 = F_1 + F_2$$

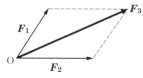

図1・10 平行四辺形の法則による力の合成(1)

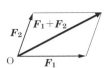 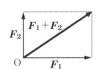 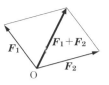

図1・11　平行四辺形の法則による力の合成（2）

多数の力を合成するときには，多角形を用いる方法がある．これは，1つのベクトルの終点にもう1つのベクトルの始点を合わせることで力を合成する方法である（図1・12）．

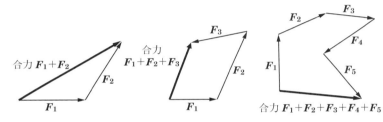

図1・12　多角形を用いる力の合成

❷ 力の分解

物体にはたらく1つの力と同じはたらきをする2つの力を求めることを，**力の分解**といい，分解された力を**分力**という．分力は，次の手順で求めることができる（図1・13）．

① 力を分解する2つの方向を決める．
② 力を対角線とする平行四辺形を作成する．
③ 力の始点を含む平行四辺形の2辺が分力である．

図1・13　力の分解

分力は，1つの力を対角線とする平行四辺形を作成すればよいので，無数に考えられる．しかし分解するときは通常，互いに直角な x-y 座標系を用いることが多い．x-y 座標系では，力 $\boldsymbol{F}$（大きさ F）の x 方向からの角度を θ とすると，分解した力の成分 F_x, F_y は図 1・14 のようになる．

これより

$$F_x = F\cos\theta$$
$$F_y = F\sin\theta$$

となる．逆に力 $\boldsymbol{F}$ の大きさと向きは

$$F = \sqrt{F_x^2 + F_y^2} \qquad \tan\theta = \frac{F_y}{F_x}$$

となる（F_x, F_y は θ の値によって負になるときもある）．

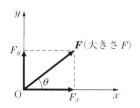

図 1・14 力の x-y 座標系での表示

1-1 図 1・15，図 1・16 のように点 O に 2 つの力がはたらいている．合力の向きと大きさを求めなさい．

（ア）

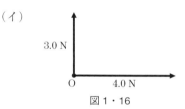

図 1・15

（イ）

図 1・16

解答 一直線上にはたらく 2 力は，同じ向きのときには和，逆向きのときには差で求められる．異なる方向の 2 力は，平行四辺形の法則で求められる．よって，合力はそれぞれ図 1・17，図 1・18 のようになる．

（ア）

図 1・17

（イ）

図 1・18

力の向きは，図のようになり，その大きさは，（ア）：$5.0\,\text{N} - 2.0\,\text{N} = 3.0\,\text{N}$，（イ）：直角三角形より $\sqrt{3.0^2 + 4.0^2} = \sqrt{25} = 5.0\,\text{N}$ となる．

1-2 図 1·19 に示す力 F の x 成分と y 成分を求めなさい.

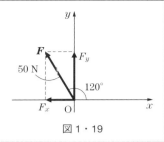

図 1・19

解答 分力 F_x, F_y は

$$F_x = F \cos 120° = 50 \times \left(-\frac{1}{2}\right) = -25 \text{ N}$$

$$F_y = F \sin 120° = 50 \times \frac{\sqrt{3}}{2} = 43 \text{ N}$$

となる. x-y 座標系において, 力がマイナスになるときには, これを表記する.

用語解説　スカラーとベクトル

機械力学によく登場する物理量をスカラーとベクトルに分類しておく.
　スカラー……質量, 長さ, 面積, 体積, エネルギーなど
　ベクトル……力, 速度, 加速度, 変位, 運動量, トルク, 角運動量など
物理量がベクトルの場合, 合成は単純な加法にはならないことに注意する.

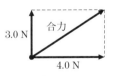

図 1・20

[注意] 図 1·20 のような場合 (例題 1-1 (イ)), 合力の大きさは,
　　　3.0 N＋4.0 N＝7.0 N
ではない.

COLUMN　SI 単位

　世界共通の単位系として SI (国際単位系) が使われており, 基本単位として m (長さ), kg (質量), s (時間) などがある. 基本単位を組み合わせたものを組立単位といい, m/s (速度) や m/s² (加速度), N (力) ＝kg·m/s² などのように表す.

1-3 力のつり合い

1周まわれば もとの位置に戻るんだ

― 多角形 ぐるりとまわり 力は戻る

Point
① つり合う2力は，一直線上で逆向き，大きさが等しい．
② 複数力のつり合いは，力の多角形が閉じる．
③ 3力のつり合いは，ラミの定理で表される．

1 力のつり合い

1つの物体に2つの力がはたらき，物体の運動状態が変化していないときには，この2つの力はつり合っているといえる．このとき，2つの力の間には，図1・21 に示すように，① 一直線上，② 逆向き，③ 大きさが等しいという関係が成立しており，次式で表される．

$$F_1 + F_2 = 0$$

1つの物体にはたらく力が複数個ある場合には，物体にはたらく力の合力が 0 になれば物体はつり合っていることになる．この関係を式で表すと

$$F_1 + F_2 + F_3 + \cdots\cdots = \sum_i F_i = 0$$

となる．記号 $\sum_i F_i$ は，複数の力 F_1, F_2, F_3, …… の和であることを意味している．これより，x 成分，y 成分で考えると，つり合いの条件は次式で表される（図1・22）．

x 成分：$F_{1x} + F_{2x} + F_{3x} + \cdots\cdots = \sum_i F_{ix} = 0$

y 成分：$F_{1y} + F_{2y} + F_{3y} + \cdots\cdots = \sum_i F_{iy} = 0$

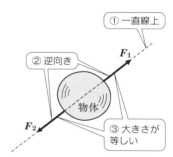

図1・21 力のつり合い

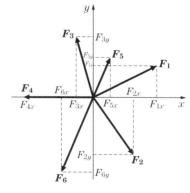

図1・22 つり合いの条件

力の多角形による方法で，1つの物体にはたらく複数力のつり合いを調べるには多角形が閉じていればよい（図1・23）．すなわち

$$F_1+F_2+F_3+F_4+F_5+F_6=0$$

となればつり合っているといえる．

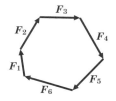

図1・23　力の多角形

❷ ラミの定理

図1・24のように点Oに3力 F_1, F_2, F_3 がはたらき，これらの3力がつり合うときには，3力の大きさ F_1, F_2, F_3 と，各力の作用線のなす角 α_1, α_2, α_3 の間には

$$\boxed{\frac{F_1}{\sin \alpha_1}=\frac{F_2}{\sin \alpha_2}=\frac{F_3}{\sin \alpha_3}}$$

の関係が成立し，これを**ラミの定理**という．

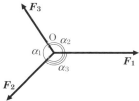

図1・24　ラミの定理

ラミの定理は次のように導くことができる．

図1・25のように x-y 座標系を設定する．このとき，各力の x 成分，y 成分を計算する．

$$F_{1x}=F_1 \qquad F_{1y}=0$$
$$F_{2x}=F_2 \cos \alpha_3 \qquad F_{2y}=F_2 \sin \alpha_3$$
$$F_{3x}=F_3 \cos \alpha_2 \qquad F_{3y}=F_3 \sin \alpha_2$$

これより，y 成分について $F_2 \sin \alpha_3 = F_3 \sin \alpha_2$ が成立する．よって

$$\frac{F_2}{\sin \alpha_2}=\frac{F_3}{\sin \alpha_3}$$

となる．次に，**図1・26**のように力 F_3 の方向に x 軸を設定すると

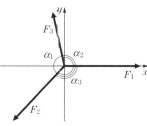

図1・25　ラミの定理の導出図（1）

$$F_{3x}=F_3 \qquad F_{3y}=0$$
$$F_{2x}=F_2 \cos \alpha_1 \qquad F_{2y}=F_2 \sin \alpha_1$$
$$F_{1x}=F_1 \cos \alpha_2 \qquad F_{1y}=F_1 \sin \alpha_2$$

となっている．したがって，$F_2 \sin \alpha_1 = F_1 \sin \alpha_2$ となる．これより

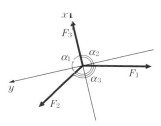

図1・26　ラミの定理の導出図（2）

$$\frac{F_1}{\sin \alpha_1} = \frac{F_2}{\sin \alpha_2}$$

となり，ラミの定理 $\dfrac{F_1}{\sin \alpha_1} = \dfrac{F_2}{\sin \alpha_2} = \dfrac{F_3}{\sin \alpha_3}$ が成立していることがわかる．

1-3 図 **1・27** のように，10 N の物体が 2 本の糸でつり下げられている．それぞれの糸は天井と，30°，45° の角度をなしている．このとき，2 本の糸 OA, OB の張力 F_{OA}，F_{OB} を，力のつり合いとラミの定理を用いて求めなさい．

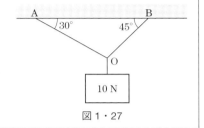

図 1・27

解答 (1) 力のつり合いより求める．

それぞれの力を x 方向，y 方向に分解する（**図 1・28**）．

張力 F_{OA} について

x 方向の分力：$-F_{OA} \cos 30°$

y 方向の分力：$F_{OA} \sin 30°$

張力 F_{OB} について

x 方向の分力：$F_{OB} \cos 45°$

y 方向の分力：$F_{OB} \sin 45°$

重力 W は y 方向のみ値をもち，-10 N である．

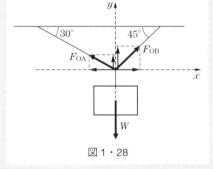

図 1・28

これより，つり合いの式を立てると

x 方向：$(-F_{OA} \cos 30°) + (F_{OB} \cos 45°) = 0$

y 方向：$(F_{OA} \sin 30°) + (F_{OB} \sin 45°) + (-10) = 0$

となる．この連立方程式より，F_{OA}，F_{OB} を求めることができる．

$$F_{OA} = (\sqrt{3}-1) \times 10 = 7.3 \text{ N} \qquad F_{OB} = \frac{\sqrt{6}}{2} \times (\sqrt{3}-1) \times 10 = 9.0 \text{ N}$$

(2) ラミの定理により求める．

糸と物体の角度の関係は**図 1・29**のようになるので，次の関係が成立する．

$$\frac{F_{OA}}{\sin 135°} = \frac{F_{OB}}{\sin 120°} = \frac{10}{\sin 105°}$$

これより，F_{OA}，F_{OB} を求めると

$$F_{OA} = \frac{10}{0.966} \times 0.707 = 7.3 \text{ N}$$

$$F_{OB} = \frac{10}{0.966} \times 0.866 = 9.0 \text{ N}$$

となる．

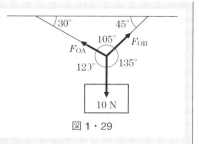

図1・29

用語解説　SI接頭語

SI単位をそのまま用いるには，大きすぎたり小さすぎたりする場合がある．このようなときには，表1・1のように単位の前に10のべき乗倍の接頭語をつけて表現する．

表1・1　補助単位

ギガ (G)	メガ (M)	キロ (k)	ヘクト (h)	デシ (d)	センチ (c)	ミリ (m)	マイクロ (μ)	ナノ (n)	ピコ (p)
10^9	10^6	10^3	10^2	10^{-1}	10^{-2}	10^{-3}	10^{-6}	10^{-9}	10^{-12}

COLUMN　アイザック・ニュートン

　万有引力の法則や運動方程式などで有名なアイザック・ニュートン（1642～1727年）は，イギリスの物理学者・数学者・天文学者であり，近代科学の父ともよばれている．ニュートンの著書「プリンキピア」にはニュートンの3法則が次のように記述されている．

> 法則1：すべての物体は，その静止の状態を，あるいは直線上の一様な運動の状態を，外力によってその状態を変えないかぎり，そのまま続ける．
> 法則2：運動の変化は，及ぼされる起動力に比例し，その力が及ぼされる直線の方向に行われる．
> 法則3：作用に対し反作用は常に逆向きで相等しいこと．あるいは，2物体の相互の作用は常に相等しく逆向きであること．

　また，ニュートンはライプニッツと微分・積分の先取権をめぐって争ったり，晩年は錬金術に没頭するなど，多彩な研究人生を送ったことが知られている．
　なお，ニュートンはリンゴが落ちるのを見て万有引力を発見したといわれているが，その接ぎ木は，東京都文京区にある小石川植物園（正式名は東京大学大学院理学系研究科附属植物園）でも見ることができる．

1-4 力のモーメント

―――― 回転の 距離と力で モーメント

Point
① 力のモーメントとは,物体を回転させようとする力のはたらきのことである.
② つり合いの条件は,力のつり合いと力のモーメントのつり合いの2つである.
③ 偶力とは,大きさが等しく,逆向きの,平行な2力の組である.

① 力のモーメント

物体を回転させようとする力がはたらくとき,これを**力のモーメント**(または**トルク**)という.

図 **1・30** のように,中点で支えている棒の両端に質量の異なるおもりをつるしたとき,棒は質量の大きいおもりのほうへ傾こうとする.

次に,この質量の大きいおもりを棒の中心寄りにつるしたらどうなるだろうか.この棒が静止の状態を続けるとすれば,2つのおもりの重量(重力の大きさ)F_A,F_B と,中心からの距離 l_A,l_B の間には,$F_A l_A = F_B l_B$ の関係が成り立つ.そのため,$F_A l_A$ と $F_B l_B$ の大小関係によって棒は回転し始める.このとき,棒を回転させようとする力のはたらきが,力のモーメントである.

図 **1・31** のように,回転軸 O を考え,物体に大きさ F [N] の力がはたらいているとする.この F [N] の作用線に回転軸 O から垂線を引く.この垂線の長さを h [m] とする.このとき,点 O に関する力のモーメント M [N·m] は

$$M = Fh \text{ [N·m]}$$

となる.ここで,力のモーメントの向きは,回転軸に

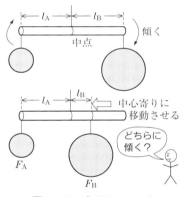

図 1・30 力のモーメント

図 1・31 モーメントの大きさ

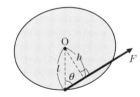

図 1・32 モーメントの正負

対して反時計回りの場合を正，時計回りの場合を負とする（**図1·32**）．

点 O から F の作用点までの距離を l [m] とし，l と F のなす角を θ とすると，$\dfrac{h}{l} = \sin\theta$ より，$h = l\sin\theta$ となる．したがって，点 O に関する力のモーメント M [N·m] は

$$M = Fl\sin\theta \ \text{[N·m]}$$

と表すことができる．ここで，$l\sin\theta$ は，回転軸 O を考えたときに，作用点から回転軸までの距離ではなく，力の作用線に下ろした垂線の長さ（腕の長さ）が回転に関係することを表している．

1-4 図 1·33，図 1·34 の場合について，点 O に関する力のモーメント M を求めなさい．

(1)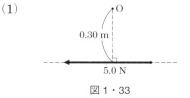

図 1·33

(2)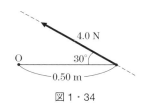

図 1·34

解答

(1) 力のモーメント M は，$M = Fh = -5.0 \times 0.30 = -1.5$ N·m となる．

(2) 力のモーメント M は，$M = Fl\sin\theta = 4.0 \times 0.50 \times \dfrac{1}{2} = 1.0$ N·m となる．

❷ バリニオンの定理

物体にいくつかの力がはたらいているときの力のモーメントは，それぞれの力について点 O に関する力のモーメントを計算し，足し合わせればよい．

力は合成してもそのはたらきは変化しない．したがって，ある点のまわりのいくつかの力のモーメントの和は，合力のモーメントに等しい．これを**バリニオンの定理**という（**図1·35**）．

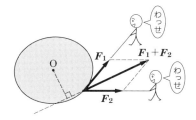

図 1·35　バリニオンの定理

❸ 力のモーメントのつり合い

静止している物体にいくつか力がはたらいて，この物体が回転し始めなかったとき，物体にはたらく力のモーメントの和は 0 である．大きさを考えない物体のつり合いの条件は，合力が **0** のときだけであるが，大きさを考える必要がある物体のつり合いの条件は，次の 2 つの条件が成立することである．

> ①　合力が **0**（並進運動を始めない条件）
> ②　任意の点に関する力のモーメントの和が 0（回転運動を始めない条件）

1-5　図 **1・36** のように，重さ 50 N, 長さ 1.0 m の一様な棒がある．この棒の片端に長さ 0.50 m のロープを取り付けてつるす．棒の他端に水平方向に大きさ F〔N〕の力を加えたところ，ロープが鉛直線から 30° 傾いてつり合いの状態を保った．このとき，水平方向の力の大きさ F〔N〕と，張力の大きさ T〔N〕，棒の鉛直線からの傾き φ を求めなさい．ただし，棒にはたらく重力は棒の中点にはたらくものとする．

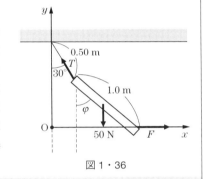

図 1・36

解 答　3 つの力の和と点 O に関する力のモーメントの和を計算する．どちらも 0 になることより F, T, φ を求める．

力のつり合いは，x 成分について：$F + 0 + (-T \sin 30°) = 0$　　…①

y 成分について：$0 + (-50) + (T \cos 30°) = 0$　　…②

力のモーメントのつり合いは

$$0 - 50 \times \left(0.50 \sin 30° + \frac{1.0}{2} \sin \varphi\right) + T \sin 30° \times 1.0 \cos \varphi + T \cos 30° \times 0.50 \sin 30° = 0 \quad \cdots ③$$

② より，$T = \dfrac{50}{\cos 30°} = 57.7 \fallingdotseq 58$ N,

① より，$F = T \sin 30° = 50 \tan 30° = 28.9 \fallingdotseq 29$ N となる．

③ より，$-50 \times 0.50 \sin 30° - 50 \times \left(\dfrac{1.0}{2}\right) \sin \phi + 50 \times 1.0 \cos \phi \tan 30° + 50 \times 0.50 \sin 30° = 0$ となり

$$\tan \varphi = 2 \tan 30° = \frac{2}{\sqrt{3}} = 1.15$$

よって，$\varphi = 49°$ となる．

4 平行力の合成

平行でない2力は平行四辺形の法則により力を合成することができるが,平行な2力はどのように合成すればよいだろうか.

これは,2力の合力を仮定し,任意の点に関する合力のモーメントを計算し,合成前の力と同じはたらきをすると考え,次のような関係で表される(図 1・37).

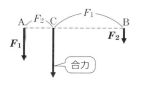

> **同じ向きの平行力の合力:**
> 大きさは F_1+F_2 となり,作用点 C は,線分 AB を $F_2:F_1$ に,**内分**する位置である.
>
> **逆向きの平行力の合力:**
> 大きさは $|F_1-F_2|$ となり,作用点 C は,線分 AB を $F_2:F_1$ に,**外分**する位置である.

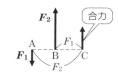

図 1・37 平行力の合成

5 偶力のモーメント

図 1・38 (a) のように,剛体に平行かつ逆向きで大きさの等しい力がはたらいているとき,この2力を**偶力**という.偶力の合力の大きさは 0 であるが,力のモーメントは値をもっている.すなわち,偶力には物体を回転させるはたらきのみがある.

図 1・38 (b) のように,物体に偶力(大きさが F,作用線間の距離は d)がはたらいているとして,任意の点 O のまわりの力のモーメント M を計算する.作用線上に移動して図で考えると,力のモーメントは

$$M = Fl_1 + Fl_2$$

となる.ここで,l_1 と l_2 を図の位置で表す.$l_1+l_2=d$ なので,$l_1=d-l_2$ と変形し,これを力のモーメントの式に代入すると,次式のようになる.

$$M = F(d-l_2) + Fl_2 = Fd$$

すなわち,**偶力のモーメント**は,偶力の大きさ F と作用線間の距離 d の積となることがわかる.

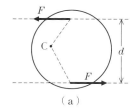

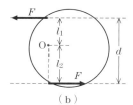

図 1・38 偶力のモーメント

1-5 支点と反力

反力がなければものは土の中

① 作用・反作用の法則とは，「押す」と「押し返される」の関係である．
② 作用の力と反作用の力は，大きさが等しく，逆向きである．

❶ 反　力

図 **1・39** のように，2 つの物体が接触しているとき，一方の物体が他方の物体を力 F で押すと，他方の物体は一方の物体を力 F で押し返すことになる．このときの力の関係は，同じ大きさで逆向きの力になっている．ただし，力のつり合いとは異なり，力は別々の物体にはたらいている．このことを**作用・反作用の法則**という．また，この床が押し返す力のことを**反力**という．

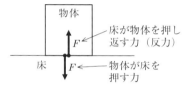

図 1・39　作用・反作用の法則

❷ 支　点

物体を支える位置のことを**支点**という．外力がはたらくと，支点には反力がはたらき，物体が静止していれば外力と反力はつり合っていることになる．

物体上の任意の点において，物体が静止している条件は次のようになる．

①　合力（荷重と反力の和）は **0** である．
②　力のモーメントの和はどの断面についても 0 である．

❸ は　り

細長い部材である**はり**に外部から荷重を加えると，はりを支える支点からは，反力がはたらく．

図 **1・40** のように自重が無視できる両端支持はりがあるとする．点 C に W〔N〕の荷重を加えると，両端の支点である A，B において反力が生じる．この反力

F_A〔N〕, F_B〔N〕の大きさはつり合いの条件より

$$W = F_A + F_B$$

となる．また，点Aに関する力のモーメントの和が0であるという条件より

$$-W \times a + F_B \times l = 0$$

となる．ただし，$l = a + b$ である．

これより，反力の大きさを求めると

$$F_B = \frac{W \times a}{l} \text{〔N〕}$$

$$F_A = W - F_B = \frac{W \times b}{l} \text{〔N〕}$$

となる．

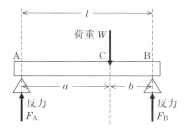

図 1・40 はりにはたらく力

1-6 図 1・41 において，支点 A，B の反力の大きさ R_A，R_B を求めなさい．

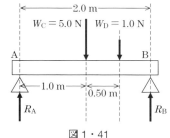

図 1・41

解答 力のつり合い条件より，$W_C + W_D = 5.0 + 1.0 = R_A + R_B$

点 B に関する力のモーメントのつり合い条件より

$$W_C \times y + W_D \times z - R_A \times l = 5.0 \times 1.0 + 1.0 \times 0.50 - R_A \times 2.0 = 0$$

これより

$$R_A = \frac{5.0 \times 1.0 + 1.0 \times 0.50}{2.0} = 2.75 \fallingdotseq 2.8 \text{ N}$$

$$R_B = 6.0 - R_A = 3.25 \fallingdotseq 3.3 \text{ N}$$

となる．

1-6 フックの法則

金属棒 ばねと同じで 伸び縮み

① 材料には弾性と塑性の性質がある．
② 材料に加えた荷重と，伸びが比例する関係を，フックの法則という．
③ 弾性係数は個々の材料に固有の値をもつ．

① 弾性と塑性

ばねに荷重を加えて伸ばしてから，荷重を取り除くとばねはもとの長さに戻る．材料のもつこのような性質を**弾性**という．しかし，ばねにより大きな荷重を加えてばねを伸ばすと，荷重を取り除いてももとの長さに戻らなくなる．このような性質を**塑性**という（図 1・42）．金属材料に引張荷重を加えた場合でも，弾性や塑性の性質を示すことが知られている．

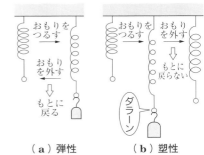

図 1・42　弾性と塑性

② フックの法則

一般に弾性の範囲内では，荷重と伸びは比例することが知られている．例えば，ばねに大きさ F〔N〕の力を加えて，x〔m〕だけ伸びたときの関係は比例定数である**ばね定数** k を用いて次式で表される．これを**フックの法則**という．

$$F = kx \text{〔N〕}$$

金属材料に引張荷重を加えたときには，この関係を**応力**と**ひずみ**の関係で表すことが多い．ここで応力 σ〔N/m²〕は単位面積あたりにはたらく力，ひずみとは荷重を受けて物体が変形したときの，もとの長さに対する割合のことである．このとき，ばね定数にあたる値を**弾性係数**といい，個々の材料固有の値をとる．弾性係数が大きいほど，その材料は荷重に対して変形しにくいことになる．

特に，垂直応力 σ と，軸方向に荷重が加わったときのひずみである**縦ひずみ** ε

との比を，**縦弾性係数**（または**ヤング率**）といい，E で表すことが多い．この関係は次式で表される．

$$\frac{\sigma}{\varepsilon} = E \quad \text{または} \quad \sigma = E\varepsilon \ [\text{N/m}^2]$$

$$\left(\frac{応力}{ひずみ} = 一定\right)$$

❸ ポアソン比

棒に引張荷重を加えると，軸方向には縦ひずみ ε が生じると同時に，荷重と直角の方向に横ひずみ ε_1 が生じる（**図 1・43**）．この両方のひずみの比は弾性限度内であれば一定であり，これを**ポアソン比** μ という．この関係は次式で表される．

$$\mu = \frac{\varepsilon_1}{\varepsilon}$$

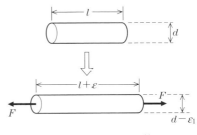

図 1・43　ポアソン比

❹ 延性と脆性

多くの金属材料は荷重を受けたときに弾性変形をした後に塑性変形をしてから破断する．この性質を**延性**という．これに対して，例えばチョークに引張荷重を加えて破断させたとき，チョークは伸びずに破断する．工業的に用いられている材料としてはコンクリートやセラミックスなどがこのような性質をもっており，これを**脆性**という．これらは，変形する前にぼろっとくずれてしまうようなもろい材料である．

> **COLUMN　ロバート・フック** ....
>
> 　フックの法則で有名なロバート・フック（1635〜1703 年）は，イギリスの物理学者であり，王立協会の実験主任として，さまざまな研究を行った．フックは顕微鏡や望遠鏡の分野でも研究成果を残し，顕微鏡による観察結果を図示した「ミクログラフィア」では，ノミやハエ，クモ，アリなど 118 点の図をリアルに描き，当時の人々に大きな衝撃を与えた．
> 　王立協会のメンバーにはアイザック・ニュートンがおり，2 人は万有引力の法則の先取権や，光の粒子説（ニュートン）と波動説（フック）などで争うことが多かった．

1-7 重 心

バランスを とって進むぞ 重心考え

Point
① 重心は大きさをもった物体にはたらく重力の作用点である．
② 重心の位置は，図形的に求めることができる．

　大きさをもった物体を考えるとき，その物体にはたらく重力の作用点はどこにあるだろうか．重力の作用点のことを**重心**という．直感的に，球ならば重心は中心だということはわかるし，太さの一様な棒ならば，重心は棒の中点だということはわかる．それでは，バットのように片端が細くなっているような物体だとしたら，重心はどこにあるだろうか（**図1・44**）．

図1・44

　物体を安定して支えるには，支える力と重力がつり合えばよいため，物体にはたらく重力の作用線上で支えればよい．

　図1・45のように，細かい部分の集まりからなる平板を考える．これらの部分にはたらく重力の向きはすべて鉛直下向きである．このとき，物体全体にはたら

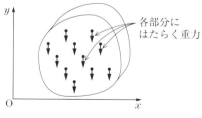

図1・45　重心の求め方

く重力の作用点は，各部分にはたらく平行力（重力）の合力である．x 軸，y 軸，原点 O を図のように設定し，各部分の座標を (x_1, y_1)，(x_2, y_2)，(x_3, y_3)，……，(x_n, y_n)，各部分にはたらく重力の大きさを w_1，w_2，w_3，……，w_n とする．

物体にはたらく重力の大きさ W〔N〕は

$$W = w_1 + w_2 + w_3 + \cdots\cdots + w_n = \sum_i w_i \text{〔N〕}$$

となる．x 軸を水平方向とした場合，原点 O に関する力のモーメント M は

$$M = -(w_1 x_1 + w_2 x_2 + \cdots\cdots + w_n x_n)$$

となる．ここで，マイナスの符号「−」がつくのは，時計回りであるからである．

重心の座標を，いま仮に (x_G, y_G) とすると，重心に関して原点 O に関する力のモーメント M' は次式で表すことができる．

$$M' = -W x_G$$

同じ効果と考えられるので，$M = M'$ としてよい．したがって

$$-w_1 x_1 + w_2 x_2 + \cdots\cdots + w_n x_n = -W x_G$$

$$x_G = \frac{w_1 x_1 + w_2 x_2 + \cdots\cdots + w_n x_n}{W} = \frac{w_1 x_1 + w_2 x_2 + \cdots\cdots + w_n x_n}{w_1 + w_2 + \cdots\cdots - w_n}$$

y 軸も同様に考えると

$$y_G = \frac{w_1 y_1 + w_2 y_2 + \cdots\cdots + w_n y_n}{W} = \frac{w_1 y_1 + w_2 y_2 + \cdots\cdots + w_n y_n}{w_1 + w_2 + \cdots\cdots + w_n}$$

となる．

密度と厚さが一定の平面図形において，図形を分割し，それぞれの面積を s_1，s_2，……，s_n とする．単位面積あたりの重力の大きさを ρ〔N/m²〕とすると，$w_1 = \rho s_1$，$w_2 = \rho s_2$，……，$w_n = \rho s_n$ となる．さらに，$W = \rho S = \rho(s_1 + s_2 + \cdots\cdots + s_n)$ となるので，重心の位置は次式で表される．

$$x_G = \frac{\rho s_1 x_1 + \rho s_2 x_2 + \cdots\cdots + \rho s_n x_n}{\rho S} = \frac{s_1 x_1 + s_2 x_2 + \cdots\cdots + s_n x_n}{s_1 + s_2 + \cdots\cdots + s_n} = \frac{\sum x_i s_i}{\sum s_i}$$

$$y_G = \frac{\rho s_1 y_1 + \rho s_2 y_2 + \cdots\cdots + \rho s_n y_n}{\rho S} = \frac{s_1 y_1 + s_2 y_2 + \cdots\cdots + s_n y_n}{s_1 + s_2 + \cdots\cdots + s_n} = \frac{\sum y_i s_i}{\sum s_i}$$

代表的な平面図形の重心の位置を**表 1・2** に示す．

表 1・2　いろいろな図形の重心

線	線分		$x_G = \dfrac{l}{2}$
	円弧		$y_G = \dfrac{2r}{\theta}\sin\dfrac{\theta}{2}$ （θ は rad を単位とする）
平面	三角形		$y_G = \dfrac{1}{3}h$
	長方形		$x_G = \dfrac{x}{2}$ $y_G = \dfrac{y}{2}$
	平行四辺形		対角線の交点 $y_G = \dfrac{y}{2}$
	扇形		$y_G = \dfrac{4r}{3\theta}\sin\dfrac{\theta}{2}$
立体	角錐		$y_G = \dfrac{h}{4}$
	円錐		$y_G = \dfrac{h}{4}$
	半球		$y_G = \dfrac{3}{8}r$

1-7 図 1・46 の図形の重心を求めなさい．

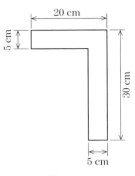

図 1・46

この物体にひもをつけて支えると，ひもの延長線上に重心があるよ！

図 1・47 例題のヒント

解答 物体を図 1・48 のように A と B の 2 つに分ける．それぞれの重心の位置は，長方形の中点に相当しているので，図のように x 軸と y 軸を設定すると A の重心の位置 (x_{AG}, y_{AG}) は

$$x_{AG} = 10 \quad y_{AG} = 27.5$$

となる．また，B の重心の位置 (x_{BG}, y_{BG}) は

$$x_{BG} = 17.5 \quad y_{BG} = 12.5$$

となる．A と B の質量比は，$m_A : m_B = 4 : 5$ なので，この物体の重心の位置 (x_G, y_G) は

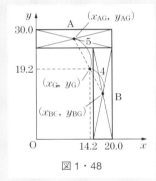

図 1・48

$$x_G = \frac{m_A x_{AG} + m_B x_{BG}}{m_A + m_B} = \frac{m_A \times 10 + \frac{5}{4} m_A \times 17.5}{m_A + \frac{5}{4} m_A} = \frac{31.88\, m_A}{2.25\, m_A}$$

$$= 14.2 \text{ cm}$$

$$y_G = \frac{m_A y_{AG} + m_B y_{BG}}{m_A + m_B} = \frac{m_A \times 27.5 + \frac{5}{4} m_A \times 12.5}{m_A + \frac{5}{4} m_A} = \frac{43.13\, m_A}{2.25\, m_A}$$

$$= 19.2 \text{ cm}$$

となる．これは，A, B の重心を結んだ線分を 5 : 4 に内分する点となっている．

1-8 トラス

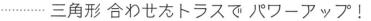
三角形 合わせたトラスで パワーアップ！

❶ トラスとは，直線状の部材を三角形に組んだ骨組みのことである．
❷ トラスの構造計算には，図式解法と算式解法がある．

❶ トラスとは

　図 **1·49** のような直線状の**部材**を三角形に組んだ骨組みを考える．部材と部材を結びつける点を**節点**という．鉄橋や機械のフレームの例から理解できるように，部材を結合した骨組構造は，節点に加わる外力に対して非常に強く，構造物を構成する基本となるものである．

　ボルトやリベットなどで結合されている節点を**滑節**という．すべての節点が滑節で構成される骨組構造を**トラス**という．

　これに対して，節点が溶接などで接合されており，回転もできないものを**剛節**という．剛節を含んだ節点で構成される骨組構造を**ラーメン**といい，主に建築分野の構造計算で扱われている（**図 1·50**）．

　トラスの節点に外力がはたらくと，節点では自由な回転ができることから，各

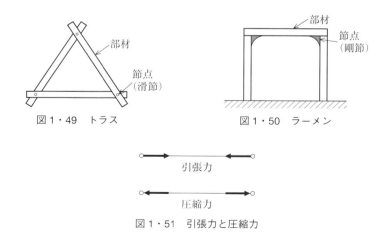

図 1·49　トラス

図 1·50　ラーメン

図 1·51　引張力と圧縮力

部材に，部材の断面に平行で互いに反対向きの力であるせん断力や，物体を曲げる方向に作用する曲げモーメントがはたらくことはない．節点には反力が生じる．また，部材には外力に抵抗して，もとに戻ろうとする内力（応力）を生じる．このうち，節点から出る向きの応力を**引張力**といい，節点に入る向きの応力を**圧縮力**という（図 1・51）．

トラスの構造計算とは，各部材の応力が引張力なのか圧縮力なのかを，その大きさとともに求めることである．この計算方法には何とおりかの種類があり，ここでは主に**図式解法**と**算式解法**を取り扱う．

実際の構造物はより複雑な形状をしているものもあるため，コンピュータを用いた数値解析が有効である．トラスの構造計算は，コンピュータによる数値解析として広く用いられている**有限要素法**（FEM：Finite Element Method）を学ぶときにも，基本となる考え方となっている．

❷ トラスの図式解法

図 1・52（a）のようなトラスの節点 1 において，下向きに力 P がはたらいているとき，部材 A と部材 B の応力は引張力と圧縮力のどちらなのかを考える．

節点 1 に力 P がはたらいていても，トラスが動いていなければ，節点 1 にはたらく力はつり合っているといえる．このとき，図 1・52（b）のような閉じた三角形をつくることで，力がつり合っているとみなすことができる．

このようにトラスにはたらく力を作図によって求める解法を図式解法という．

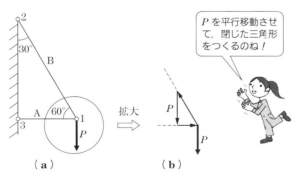

図 1・52　トラスの図式解法

1-8 図 1・52 において，力 P の大きさを 100 N とするとき，部材 A, B の応力は引張力か圧縮力か．また，その力の大きさを求めなさい．

解答 図 1・53 のように閉じた三角形を作図することで，部材 A の応力 F_A は圧縮力，部材 B の応力 F_B は引張力であることがわかる．力の大きさは，三角形の比より次のように求める．

$$P : F_A = \sqrt{3} : 1 \text{ より}$$

$$F_A = \frac{1}{\sqrt{3}} P = 57.8 \text{ N （圧縮力）}$$

$$P : F_B = \sqrt{3} : 2 \text{ より}$$

$$F_B = \frac{2}{\sqrt{3}} P = 115.6 \text{ N （引張力）}$$

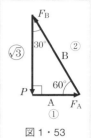

図 1・53

❸ トラスの算式解法

図 1・52 において，力を水平方向（x 方向）と，鉛直方向（y 方向）に分解して力のつり合いの式を立てて，応力を求める方法を**トラスの算式解法**という（**図 1・54**）．力は向きと大きさをもつベクトルであるため，このように方向をそろえないと計算できない．

鉛直方向の力のつり合い：

$$P = F_B \sin 60°$$

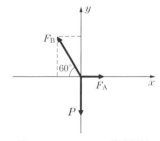

図 1・54 トラスの算式解法

$$F_B = P \times \frac{1}{\frac{\sqrt{3}}{2}} = 100 \times \frac{2}{\sqrt{3}} = 115.6 \text{ N （引張力）}$$

水平方向の力のつり合い：

$$F_A = F_B \cos 60°$$

$$= \frac{2}{\sqrt{3}} P \times \frac{1}{2} = \frac{P}{\sqrt{3}} = \frac{100}{\sqrt{3}} = 57.8 \text{ N （圧縮力）}$$

このようにして，図式解法と同様の結果が得られる．

1-9 図 1・55 のようなトラスの節点 1 において，下向きに $P = 100\,\mathrm{N}$ に力がはたらいているとき，部材 A, B, C の応力の大きさ N_A, N_B, N_C を求めなさい．

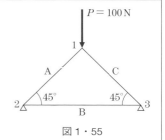

図 1・55

解答 支点の反力は左右対称のトラスなので，それぞれ 50 N になることは容易にわかる．次に，節点 2 に注目し，部材の応力を**図 1・56** のように仮定して，力のつり合い方程式を立てる．

水平方向の力のつり合い：

$N_\mathrm{B} = N_\mathrm{A} \cos 45°$

鉛直方向の力のつり合い：

$N_\mathrm{A} \cos 45° = 50\,\mathrm{N}$

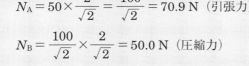

図 1・56

上式から N_A と N_B を求める．

$$N_\mathrm{A} = 50 \times \frac{2}{\sqrt{2}} = \frac{100}{\sqrt{2}} = 70.9\,\mathrm{N}\ (引張力)$$

$$N_\mathrm{B} = \frac{100}{\sqrt{2}} \times \frac{2}{\sqrt{2}} = 50.0\,\mathrm{N}\ (圧縮力)$$

計算結果がいずれも正となったので，仮定した力の向きは合っていたことになる．

トラスは左右対称なので

$N_\mathrm{C} = N_\mathrm{A} = 70.9\,\mathrm{N}\ (引張力)$

となる．

章末問題

問題1 図 1・57 のように点 O に 2 つの力 F_1, F_2 がはたらいている.

この 2 力の合力の大きさを求めなさい.

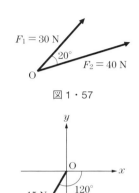

図 1・57

問題2 図 1・58 のように点 O に力 F がはたらいている.この力 F を x 成分,y 成分に分解したとき,分力 F_x, F_y を求めなさい.

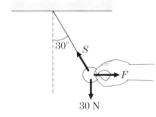

図 1・58

問題3 図 1・59 のように力がはたらいていて,現在つり合いの状態を保っている.このときの糸の張力の大きさ S と手が引く力の大きさ F を求めなさい.

図 1・59

問題4 図 1・60 のように物体に力がはたらいている.点 O のまわりの力のモーメント M を求めなさい.

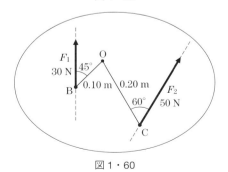

図 1・60

問題 5 図 1·61 の場合について 2 つの力の合力の大きさ F 〔N〕と，図中の長さ x 〔m〕を求めなさい．

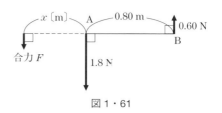

図 1·61

問題 6 図 1·62 のように，摩擦のないなめらかな壁と床がある．ここに，長さ 1.0 m，重さ 50 N の一様な棒 AB を図のように立てかけた．この棒には，A から 0.25 m のところに，重さ 25 N の物体がつるしてある．棒には倒れないように，B に水平方向に力 F を加えてある．いま，棒と壁のなす角が 30° であったとする．

次の量は何〔N〕になるか求めなさい．
① 壁が棒にはたらかせる垂直抗力 N_1
② 床が棒にはたらかせる垂直抗力 N_2
③ B に水平方向に加えた力 F

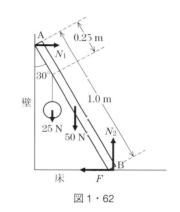

図 1·62

問題 7 図 1·63 のような荷重が作用するトラス部材 A にはたらく力の大きさと向きを求めなさい．ただし，荷重 $P = 120$ N とする．

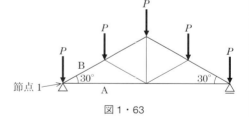

図 1·63

問題 8 図 1·64 の物体の重心の位置を求めよ．

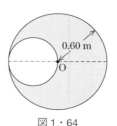

図 1·64

COLUMN　三角関数 Part 1

(1) 三角比

直角三角形において，直角以外の角の大きさが決まれば辺の比は求められる．一般に次の関係がある（図 1・65）．

三角比：$\sin\theta = \dfrac{b}{c}$, $\cos\theta = \dfrac{a}{c}$,

$\tan\theta = \dfrac{b}{a}$

三平方の定理：$a^2 + b^2 = c^2$

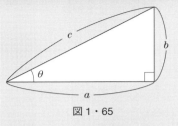

図 1・65

表 1・3

角度	$\sin\theta$	$\cos\theta$	$\tan\theta$
30°	$\dfrac{1}{2}$	$\dfrac{\sqrt{3}}{2}$	$\dfrac{\sqrt{3}}{3}$
45°	$\dfrac{\sqrt{2}}{2}$	$\dfrac{\sqrt{2}}{2}$	1
60°	$\dfrac{\sqrt{3}}{2}$	$\dfrac{1}{2}$	$\sqrt{3}$

(2) 三角関数

図のように，x軸，y軸を設定し，原点Oを中心とする半径r〔m〕の円を考える（図 1・66）．x軸正の向きとのなす角をθ（反時計回りを正，時計回りを負）とし，点Pの座標を(x, y)とすると，三角比同様に**三角関数**が定義される．

三角関数：$\sin\theta = \dfrac{y}{r}$

$\cos\theta = \dfrac{x}{r}$

$\tan\theta = \dfrac{y}{x}$

三角関数については，θの値によらず，次の関係が常に成立する．

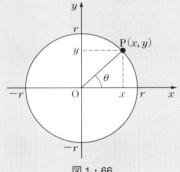

図 1・66

① $\tan\theta = \dfrac{\sin\theta}{\cos\theta}$ $\left(\tan\theta = \dfrac{\sin\theta}{\cos\theta} = \dfrac{\frac{y}{r}}{\frac{x}{r}} = \dfrac{y}{x}\right)$

② $\sin(-\theta) = -\sin\theta$, $\cos(-\theta) = \cos\theta$, $\tan(-\theta) = -\tan\theta$

③ $\sin^2\theta + \cos^2\theta = 1$

$\left(\sin^2\theta + \cos^2\theta = \dfrac{y^2}{r^2} + \dfrac{x^2}{r^2} = \dfrac{y^2 + x^2}{r^2} = \dfrac{r^2}{r^2} = 1\right)$

④ $\sin(\alpha \pm \beta) = \sin\alpha\cos\beta \pm \cos\alpha\sin\beta$ ⎫
⑤ $\cos(\alpha \pm \beta) = \cos\alpha\cos\beta \mp \sin\alpha\sin\beta$ ⎭　加法定理

第2章

機械の運動学 1
── 質点の力学

　動いている機械を記述するためには，ある時間における機械の位置関係を明らかにしておく必要がある．位置，速度，加速度などの物理量を用いて運動を記述するには，微分・積分の考え方が重要である．
　本章では機械の運動学として，直線運動や放物運動，円運動，また往復運動と回転運動の変換を行う代表的な機械メカニズムについて学び，運動を数理的に扱うことができるようにする．

2-1 速度と加速度

短距離走 スタート ダッシュは 加速が大事

1. 速度とは単位時間あたりの位置変化（変位）である．
2. 加速度とは単位時間あたりの速度変化である．
3. 速度の向きは軌跡の曲線の接線方向であり，加速度の向きは速度変化 Δv の向きとなる．

1 速度

Δt 〔s〕間に Δx 〔m〕動いたとき，物体の**平均の速さ** v〔m/s〕は，$v = \dfrac{\Delta x}{\Delta t}$ となる．次に，わずかな時間変化を考える．平均の速さは，時間間隔 Δt をできるだけ小さくすることによって**瞬間の速さ**に近づくことになる．微分記号で書くと，瞬間の速さ v〔m/s〕は

$$v = \lim_{\Delta t \to 0} \frac{\Delta x}{\Delta t} = \frac{dx}{dt} = \dot{x}$$

となる．

しかし，物体の運動を考えるときは，運動の速さだけ考えるのではなく，運動の向きも考えなくてはならない．**速度**とは，速さ（速度の大きさ）と，向きを考えたベクトル量である（図 **2·1**）．

曲線運動している場合，物体の瞬間の速度の向きは，その時刻における運動曲線の**接線の向き**になる．

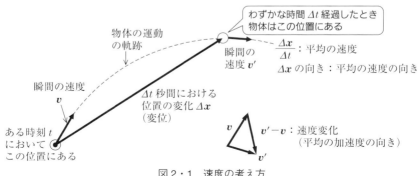

図 2·1　速度の考え方

❷ 加速度

加速度とは，単位時間あたりの速度の変化量を表す．これは，速度と同じベクトル量である．物体の速度が t [s] のとき $\boldsymbol{v}$ [m/s]，t' [s] のとき $\boldsymbol{v}'$ [m/s] に変化したとする．このとき，$\dfrac{(\boldsymbol{v}'-\boldsymbol{v})}{(t'-t)}$ を**平均の加速度**という．$\boldsymbol{v}'-\boldsymbol{v}=\Delta\boldsymbol{v}$ とし，t' を t に近づけて，$\Delta t=t'-t$ をかぎりなく 0 に近づけたときの加速度 $\boldsymbol{a}$ [m/s²]

$$\boldsymbol{a}=\lim_{\Delta t \to 0}\frac{\Delta \boldsymbol{v}}{\Delta t}=\frac{d\boldsymbol{v}}{dt}=\frac{d^2\boldsymbol{x}}{dt^2}=\ddot{\boldsymbol{x}}$$

を**瞬間の加速度**という．2 階微分 $\dfrac{d^2\boldsymbol{x}}{dt^2}$（もしくは $\ddot{\boldsymbol{x}}$）は，$\dfrac{d}{dt}\left(\dfrac{d\boldsymbol{x}}{dt}\right)$ のことである．瞬間の加速度の向きは，$\Delta\boldsymbol{v}$ の向きと一致する．等速円運動の場合，加速度は円の中心方向を向いている．

2-1 100 m を 14.0 秒で走る人の平均の速さを求めなさい（図 2・2）．

図 2・2

解答
$\dfrac{100}{14.0}=7.15$ m/s

2-2 自動車が発車してから，30 秒で 108 km/h になった．このときの平均の加速度の大きさ a [m/s²] を求めなさい（図 2・3）．

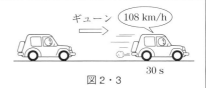
図 2・3

解答
108 km/h = 30 m/s より，$\dfrac{30-0}{30-0}=1.0$ m/s²

COLUMN　単位の換算

1 m/s とは，1 秒間に 1 m 物体が進むことである．1 時間は秒に直すと 3 600 s である．よって，1 時間で物体は 3 600 m 進むことになる．3 600 m = 3.6 km より，1 m/s = 3.6 km/h となる．

2-2 等速直線運動

雲の上 同じ速度で すーいすい

> **Point**
> ❶ 等速直線運動とは，一直線上を一定の速さで進む運動のことである．
> ❷ x-t グラフの傾きの大きさが，速さ v〔m/s〕に相当する．
> ❸ v-t グラフは，t 軸に平行な直線となる．

1 等速直線運動

一直線上を一定の速さで進む運動を**等速直線運動**という．速さ v_0〔m/s〕で一直線上を進む物体の t〔s〕後の位置 x〔m〕は

$$x = v_0 t \ \text{〔m〕}$$

で表される．位置と時間の関係を示す x-t グラフと，速さと時間の関係を示す v-t グラフは図 **2・4** のようになる．x-t グラフの傾きの大きさは，速さ v〔m/s〕に相当する．

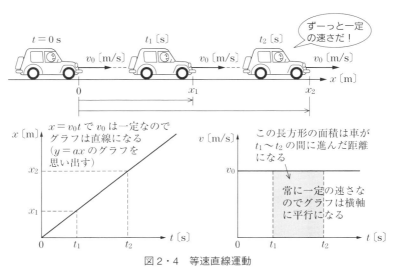

図 2・4　等速直線運動

図のように，一定の速さ v_0 で一直線上を進む物体においては

$$v_0 = \frac{x_2 - x_1}{t_2 - t_1} \ \text{〔m/s〕}$$

が成立している．これより

$$x_2 - x_1 = v_0(t_2 - t_1)$$

となる．

❷ 微積分を使う

等速直線運動は一定の速さで一直線上を進む運動であるため，加速度が0である．これより，$a = \dfrac{dv}{dt} = 0$ と書ける．この式を t について積分すると

$$\int_{t_0}^{t} a\,dt = \int_{t_0}^{t} \dfrac{dv}{dt}\,dt = 0 \quad \text{より} \quad \int_{v_0}^{v} dv = v - v_0 = 0$$

となる．ただし，積分変数 $t : t_0 \to t$ は $v : v_0$（初速度）$\to v$ に変換されることに注意する．これより $v = v_0$ となる．次に，$v = v_0$ を t について積分すると，次式で表される．

左辺は，$\displaystyle\int_{t_0}^{t} v\,dt = \int_{t_0}^{t} \dfrac{dx}{dt}\,dt = \int_{x_0}^{x} dx = [x]_{x_0}^{x} = x - x_0$

右辺は，$\displaystyle\int_{t_0}^{t} v_0\,dt = v_0 \int_{t_0}^{t} dt = v_0 [t]_{t_0}^{t} = v_0 t - v_0 t_0$

$t_0 = 0$，$x_0 = 0$ とすると，❶で得られた $x = v_0 t$ が再び得られる．

2-3 時刻 t〔s〕における位置 x〔m〕が，$x = 5.0t + 3.0$ で与えられる自動車がある．この自動車の x-t グラフを描き，速さを求めなさい．また，t について微分することによって速さを求めなさい．

解答 グラフは図 2・5 のようになり，このグラフの傾きは速さを表している．よって，速さは，5.0 m/s である．

x を t について微分すると

$$v = \dfrac{dx}{dt} = \dfrac{d(5.0t + 3.0)}{dt}$$

$$= \dfrac{d(5.0t)}{dt} + \dfrac{d(3.0)}{dt}$$

$$= 5.0 \dfrac{dt}{dt} = 5.0 \text{ m/s}$$

となる．

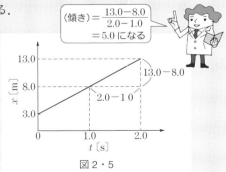

図 2・5

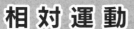
2-3 相対運動

海の上 どんな波でも すーいすい

> **Point**
> ❶ 速度はベクトルであり，平行四辺形の法則にしたがい合成・分解する．
> ❷ 観測者が静止している場合と運動している場合では，物体の運動の様子が異なって見える．

❶ 速度の合成

力と同様に，速度も，大きさ（速さ）と向きをもつベクトルである．したがって，速さでなく速度を考えるときには，向きも考えなくてはいけない．

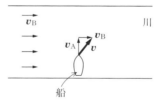

図 2・6 速度の合成

静水上をある速度 v_A で進む船がある．この船が，ある速度 v_B で流れる川を渡る場合，岸から見た船の運動は 2 つの速度を合成したものになっている（図 **2・6**）．

合成した速度 v は，2 つの速度を 2 辺とする対角線に対応している（平行四辺形の法則）．この関係は次式で表される．

$$v = v_A + v_B$$

❷ 相対速度

一般に，物体の速度という場合，静止した観測者から見た物体の速度のことを意味しているが，観測者が運動しているとすれば，物体の速度は観測者が静止している場合とは異なって見えるはずである．

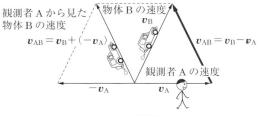

図2・7 相対速度

図**2・7**のように物体Bの速度をv_B，観測者Aの速度をv_Aとすると，観測者Aから見た物体Bの速度（**相対速度**）v_{AB}は次式で表される．

$$v_{AB} = v_B - v_A = v_B + (-v_A)$$

2-4 飛行機が，対気速度（風に対する相対速度）400 km/hで真南に飛んでいる．この飛行機は，真東から 30 m/s の風を受けている．飛行機の飛んでいる対地速度（大地に対する相対速度）を求めなさい．

解答 図**2・8**のように飛行機の対気速度をv_A'，風の速度をv，対地速度をv_Aとすると，$v_A' = v_A - v$と書けるので，$v_A = v_A' + v$となる．

大地に対する速度と風の速度は図のようになる．
30 m/s = 30×3.6 = 108 km/h より

$$\tan\theta = \frac{108}{400} = 0.280 \quad \tan^{-1} 0.280 = 15.6°$$

したがって，飛行機の対地速度は，真南から見て15.6°西の向きに，大きさは

$$v_A = \sqrt{v_A'^2 + v^2} = \sqrt{400^2 + 108^2}$$
$$= \sqrt{160\,000 + 11\,664} = \sqrt{171\,664}$$
$$= 414 \text{ km/h}$$

となる．

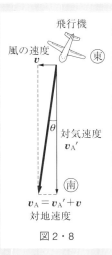

図2・8

2-3 相対運動

2-4

等加速度運動

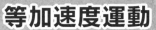
運動を 表す道具だ 微積分

> **Point**
> ❶ 等加速度運動とは加速度 a が一定の運動のことである．
> ❷ 初期条件がわかっているとき，速度や位置などを予測できる．

❶ 等加速度運動

物体が一定の加速度で運動している場合，その物体は**等加速度運動**しているという．動き始めた電車のように，一定の割合で速度が変化しているような運動や落下運動，等速円運動などは等加速度運動である．ここでは，**図2・9**のような一直線上を運動する物体について考える．

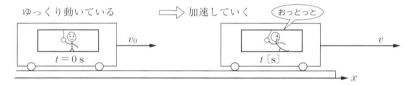

図2・9 等加速度運動

$t=0$ s で速度 v_0 [m/s] の物体が，一定の割合で速度が変化し，t [s] で速度 v [m/s] になったとする．このとき，加速度 a は定義より $a = \dfrac{v-v_0}{t-0}$ と書ける．これを変形すると

$$v = v_0 + at$$

となる．この運動の $v\text{-}t$ グラフは，**図2・10** のようになる．

ここで，図の $v\text{-}t$ グラフの t で囲まれた面積は，$0 \sim t$ までの位置の変化（変位）に対応している．したがって $0 \sim t$ までの位置の変化（変位）x は，この囲まれた台形の面積を求めればよい．

$$x = \frac{v_0 + (v_0 + at)}{2} t = \frac{2v_0 t + at^2}{2}$$

より

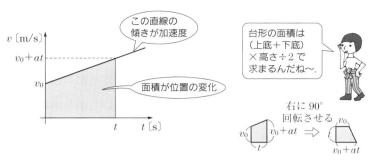

図 2・10　等加速度運動の v-t グラフ

$$x = v_0 t + \frac{1}{2} a t^2$$

となる．この 2 つの式 $v = v_0 + at$, $x = v_0 t + \frac{1}{2} a t^2$ より，t を消去する．すなわち，$v = v_0 + at$ より，$t = \dfrac{v - v_0}{a}$ となる．これを $x = v_0 t + \frac{1}{2} a t^2$ に代入すると

$$x = v_0 t + \frac{1}{2} a t^2 = v_0 \left(\frac{v - v_0}{a} \right) + \frac{1}{2} a \left(\frac{v - v_0}{a} \right)^2$$

$$= \frac{v v_0 - v_0^2}{a} + \frac{v^2 - 2 v v_0 + v_0^2}{2a} = \frac{v^2 - v_0^2}{2a}$$

となり，両辺に $2a$ をかけると

$$v^2 - v_0^2 = 2ax$$

となる．したがって等加速度直線運動においては

$$v = v_0 + at \ \text{[m/s]}$$

$$x = v_0 t + \frac{1}{2} a t^2 \ \text{[m]}$$

$$v^2 - v_0^2 = 2ax \ \text{[m}^2/\text{s}^2\text{]}$$

の 3 式が成立している．

❷ 微積分を使う

微積分を用いて加速度の式から，❶で導出した3式を求める．

加速度は，$a = \dfrac{dv}{dt}$ と書ける．この両辺を時間 t〔s〕で積分する（積分区間は $0 \to t$ とする）と，$\displaystyle\int_0^t a\,dt = \int_0^t \dfrac{dv}{dt}\,dt$ となる．ここで，いま等加速度運動をしていると考えているので，a が t によらずに一定であるとみなすと

左辺は，$\displaystyle\int_0^t a\,dt = a\int_0^t dt = a[t]_0^t = at$

右辺は，$\displaystyle\int_0^t \dfrac{dv}{dt}\,dt = \int_{v_0}^v dv = [v]_{v_0}^v = v - v_0$

となる（右辺を計算する際，積分変数 $t:0 \to t$ は $v:v_0$（初速度）$\to v$ に変換されることに注意する）ことより

$$v - v_0 = at \quad \text{すなわち} \quad v = v_0 + at$$

となる．

ここで得られた $v = v_0 + at$ をさらに t について積分する．つまり

$$\int_0^t v\,dt = \int_0^t v_0\,dt + \int_0^t at\,dt$$

を考える．ここで速度 v は，$v = \dfrac{dx}{dt}$ と書けること，そして v_0，a は一定であることより

左辺は，$\displaystyle\int_0^t v\,dt = \int_0^t \dfrac{dx}{dt}\,dt = \int_0^x dx = [x]_0^x = x$

となり（積分変数 $t:0 \to t$ は $x:x_0 = 0$（初期位置）$\to x$ に変換されることに注意する）

右辺は，$\displaystyle\int_0^t v_0\,dt + \int_0^t at\,dt = v_0\int_0^t dt + a\int_0^t t\,dt$

$$= v_0[t]_0^t + a\left[\dfrac{1}{2}t^2\right]_0^t = v_0 t + \dfrac{1}{2}at^2$$

となる．これより，再び

$$x = v_0 t + \dfrac{1}{2}at^2$$

が得られる．$v^2 - v_0^2 = 2ax$ は，前の2式より導ける．

今度は逆に等加速度直線運動 $x = v_0 t + \dfrac{1}{2} at^2$ の式を時間 t で微分する．

$$\frac{d}{dt}(x) = \frac{d}{dt}\left(v_0 t + \frac{1}{2} at^2\right)$$

$$\frac{dx}{dt} = \frac{d}{dt}(v_0 t) + \frac{d}{dt}\left(\frac{1}{2} at^2\right)$$

$$\frac{dx}{dt} = v_0 \frac{d}{dt}(t) + \frac{1}{2} a \frac{d}{dt}(t^2)$$

微分において $\dfrac{d}{dt}(t^n) = nt^{n-1}$ が成立し，$\dfrac{dx}{dt} = v$ より，等加速度直線運動の式 $v = v_0 + at$ が得られる．さらにこの式を t で微分すると

$$\frac{d}{dt}(v) = \frac{d}{dt}(v_0 + at) \qquad v_0, a \text{ は定数より，} \frac{dv}{dt} = v_0 \frac{d}{dt}(1) + a \frac{d}{dt}(t)$$

$$\frac{dv}{dt} = a \ （一定）$$

が得られる．

ここからもわかるように，微分・積分は力学を理解するうえできわめて重要となる．高校の物理で登場した力学の公式は，微分・積分を使って導くことができるのである．

COLUMN　微分⇔積分の関係

位置を時間で微分すると，速度が求められる．　　$\dfrac{dx}{dt} = v$

速度を時間で微分すると，加速度が求められる．　$\dfrac{dv}{dt} = a$ （一定）

加速度を時間で積分すると，速度が求められる．　$\displaystyle\int a\, dt = \int \frac{dv}{dt}\, dt = v$

速度を時間で積分すると，位置が求められる．　　$\displaystyle\int v\, dt = \int \frac{dx}{dt}\, dt = x$

2-5 落体の運動

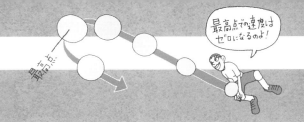

重力の 加速度考え 式立てる

Point

① 落下運動の加速度の大きさは一定値 9.8 m/s^2 であり，これを重力加速度 g という．
② 落下運動は等加速度運動であり，等加速度運動の a に g を代入すればよい．

地球上での物体の落下運動における加速度は常に一定で，鉛直下向きに 9.8 m/s^2 となっている．ここで $g = 9.8 \text{ m/s}^2$ とし，この g を**重力加速度**の大きさという．落下運動にはいくつかの種類があるが，すべて等加速度直線運動の式をそれぞれの場合に適用することで求めることができる．

❶ 自由落下運動

初速度 v_0 が 0 の落下運動を**自由落下運動**という．図 2·11 のように，鉛直下向きを正とすると，初速度が 0 で，加速度が $+g$ なので，等加速度直線運動の式より，以下が成立する．

$$v = gt$$
$$y = \frac{1}{2}gt^2$$
$$v^2 = 2gy$$

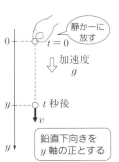

図 2·11 自由落下運動

❷ 鉛直下方投射

図 2·12 のように，鉛直下向きへ初速度 v_0 で物体を投げ下ろす場合，鉛直下向きを正とすると，初速度が v_0，加速度が $+g$ なので，以下が成立する．

$$v = v_0 + gt$$
$$y = v_0 t + \frac{1}{2}gt^2$$
$$v^2 - v_0^2 = 2gy$$

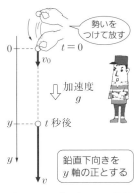

図 2·12 投げ下ろし投射

❸ 鉛直上方投射

図 2·13 のように，鉛直上向きへ初速度 v_0 で物体を投げ上げる場合，鉛直上向きを正とすると，加速度が $-g$ なので

$$v = v_0 - gt$$

$$y = v_0 t - \frac{1}{2} g t^2$$

$$v^2 - v_0^2 = -2gy$$

が成立する．

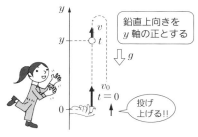

図 2·13　投げ上げ投射

2-5 初速度 $v_0 = 19.6$ m/s で物体を鉛直上方に投げ上げる．最高点に達したときの時刻 t_1 〔s〕と最高点の高さ H 〔m〕を求めなさい．また，もとの高さに戻ってきたときの時刻 t_2 〔s〕を求めなさい（図 2·14）．ただし，重力加速度の大きさを 9.8 m/s^2 とする．

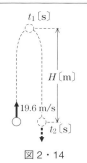

図 2·14

解答　最高点では，$v = 0$ m/s なので，$v = v_0 - gt$ より

$$0 = 19.6 - 9.8 t_1$$

これより，$t_1 = \dfrac{19.6}{9.8} = 2.0$ s

また，$y = v_0 t - \dfrac{1}{2} g t^2$ より，最高点の高さ H 〔m〕は

$$H = 19.6 \times 2.0 - \frac{1}{2} \times 9.8 \times 2.0^2 = 39.2 - 19.6 = 19.6 \text{ m}$$

となる．またもとの高さ，すなわち $y = 0$ m となる時刻 t_2 〔s〕は

$$0 = 19.6 \times t_2 - \frac{1}{2} \times 9.8 \times t_2^2 \text{ より } t_2(t_2 - 4) = 0$$

$t_2 > 0$ なので

$$t_2 = 4.0 \text{ s}$$

となる．

2-6 放物運動

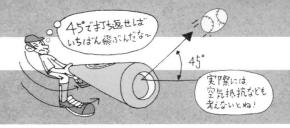

物体の 軌跡表す 放物線

❶ 水平投射は，水平方向には等速直線運動，鉛直方向には自由落下運動をする．
❷ 斜方投射は，水平方向には等速直線運動，鉛直方向には鉛直上方投射の運動をする．
❸ 運動の軌跡は，放物線となる．速度の向きは，接線方向となる．

物体を水平方向や斜め方向に投げた場合，物体は**放物線**の軌跡を描いて落下することが知られている．このような運動を**放物運動**という．放物運動は，一見すると複雑のように見えるが，運動を分解してみると，簡単な運動の組合せからできていることがわかる．

❶ 水平投射

図 **2·15** のように，物体を初速度 v_0 で水平方向に投げ出した場合，物体はどのような軌跡を描くだろうか．ある時刻に関して物体の位置を x-y 座標で調べてみると，**水平方向（x 方向）には等速度運動，鉛直方向（y 方向）には自由落下運動**を行っていることがわかる．

時刻 $t=0\,\mathrm{s}$ における物体の位置を $(0, 0)$ とし，$t\,[\mathrm{s}]$ 後の位置を (x, y)，速度を (v_x, v_y) とすると

$$x = v_0 t \qquad v_x = v_0$$
$$y = \frac{1}{2}gt^2 \qquad v_y = gt$$

となる．この，$y=\frac{1}{2}gt^2$ の t に $t=\frac{x}{v_0}$ を代入し，t を消去すると

$$y = \frac{1}{2}gt^2 = \frac{1}{2}g\left(\frac{x}{v_0}\right)^2 = \frac{g}{2v_0^2}x^2$$

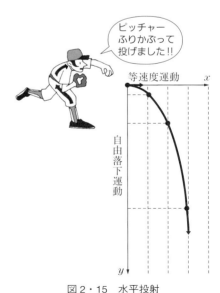

図 2·15 水平投射

となる．この式からわかるように，物体は 2 次関数（放物線）の軌跡を描くことがわかる．物体の t〔s〕後における速度の大きさ v〔m/s〕は

$$v = \sqrt{v_x{}^2 + v_y{}^2} = \sqrt{v_0{}^2 + g^2 t^2}$$

となり，速度の向きは図 **2・16** のように θ を選ぶと

$$\tan \theta = \frac{v_y}{v_x} = \frac{gt}{v_0}$$

となる．このとき，速度の向きは軌跡の接線の向きになっている．

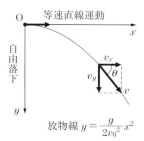

図 2・16　水平投射の速度ベクトル

2-6　高さ 49 m のビルの屋上から，物体を初速度 10 m/s で水平方向に投げる．このとき，地面に落下するまでの時間 t〔s〕と，水平到達距離 l〔m〕を求めなさい（図 **2・17**）．重力加速度の大きさを 9.8 m/s² とする．

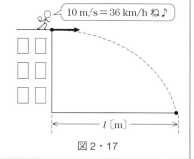

図 2・17

解答　$y = \dfrac{1}{2} gt^2$ より，地面に落下するまでの時間 t〔s〕は

$$49 = \frac{1}{2} \times 9.8 \times t^2 \qquad t^2 = 10 \qquad \therefore\ t = \sqrt{10} = 3.2 \text{ s}$$

である．

水平方向には，初速度 10 m/s の等速直線運動をしているとみなせるので，水平到達距離 l〔m〕は

$$l = v_0 t = 10 \times 3.2 = 32 \text{ m}$$

となる．

❷ 斜方投射

物体を初速度 v_0 で斜め方向（水平方向から θ_0 の角度だけ上方）に投げると，放物線を描いて落下する．この運動は，水平方向は等速運動をし，鉛直方向は鉛直上方投射の運動をしている．このときの放物線の軌跡はどのように記述できるだろうか．初速度 v_0 を x 方向，y 方向に分解する．

$$v_{0x} = v_0 \cos \theta_0$$
$$v_{0y} = v_0 \sin \theta_0$$

図 **2・18** のように，x 軸，y 軸を設定し，時刻 $t = 0$ における物体の位置を $(0, 0)$，t 〔s〕後の位置を (x, y)，速度を (v_x, v_y) とすると，水平方向には等速直線運動をしているとみなせるので

$$v_x = v_{0x} = v_0 \cos \theta_0$$
$$x = v_{0x} t = v_0 \cos \theta_0 \cdot t$$

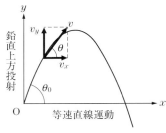

図 2・18 斜方投射の速度ベクトル

となる．鉛直方向には，落下運動しているとみなせるので

$$v_y = v_{0y} - gt = v_0 \sin \theta_0 - gt$$
$$y = v_{0y} t - \frac{1}{2} gt^2 = v_0 \sin \theta_0 \cdot t - \frac{1}{2} gt^2$$

となる．x と y の式より，t を消去すると，$t = \dfrac{x}{v_0 \cos \theta_0}$ より

$$y = v_0 \sin \theta_0 \frac{x}{v_0 \cos \theta_0} - \frac{1}{2} g \left(\frac{x}{v_0 \cos \theta_0} \right)^2 = \tan \theta_0 \cdot x - \frac{1}{2} \frac{g}{v_0^2 \cos^2 \theta_0} x^2$$

となる．この式も，水平投射と同じく y が x の 2 次関数であり，放物線の軌跡になることを表している．

物体の t 〔s〕後における速度の大きさ v 〔m/s〕は

$$v = \sqrt{v_x^2 + v_y^2} = \sqrt{v_0^2 \cos^2 \theta_0 + (v_0 \sin \theta_0 - gt)^2}$$

となり，速度の向きは図のように θ を選ぶと

$$\tan \theta = \frac{v_y}{v_x} = \frac{v_0 \sin \theta_0 - gt}{v_0 \cos \theta_0}$$

となる．つまり，速度の向きは軌跡の接線の向きになっている．

2-7 斜方投射の場合，θ_0 が何°のとき最も遠くに飛ぶかを求めなさい．また，そのときの水平到達距離を求めなさい．

解答 初速度を v_0 とすると，初速度の x 成分 v_{0x}，y 成分 v_{0y} は

$v_{0x} = v_0 \cos \theta_0$

$v_{0y} = v_0 \sin \theta_0$

となる．水平方向には等速直線運動をしているとみなせるので，t 〔s〕後の位置 x 〔m〕は，

$x = v_0 \cos \theta_0 \cdot t$

となる．鉛直方向には，鉛直投げ上げと同じ運動をしているので，

$v_y = v_0 \sin \theta_0 - gt$

$y = v_0 \sin \theta_0 \cdot t - \dfrac{1}{2} gt^2$

となる．水平到達距離は，$y=0$ の時刻 t を調べて，t を水平方向の式に代入すればよい．

$0 = v_0 \sin \theta_0 \cdot t - \dfrac{1}{2} gt^2$

より，$t = 0$ または $\dfrac{2 v_0 \sin \theta_0}{g}$ となる．ここで，$t=0$ は最初の状態のことである．したがって，$t = \dfrac{2 v_0 \sin \theta_0}{g}$ を水平方向の式に代入すると

$x = v_0 \cos \theta_0 \cdot t = v_0 \cos \theta_0 \cdot \dfrac{2 v_0 \sin \theta_0}{g} = \dfrac{2 v_0^2 \sin \theta_0 \cos \theta_0}{g}$

$= \dfrac{v_0^2 \sin 2\theta_0}{g}$ （p.118 参照，2 倍角の公式）

この式は $\theta_0 = 45°$ のとき，$\sin 2\theta_0 = 1$ となり，水平到達距離は $\dfrac{v_0^2}{g}$ となる．

最も遠くへ飛ぶ角度は 45° なんだ!!

2-7

周期と角速度，回転速度

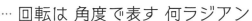

回転は 角度で表す 何ラジアン

❶ 弧度法とは $360°$ を 2π rad としている．
❷ 角速度とは単位時間あたりの角度変化である．
❸ 周期と回転数は逆数の関係にある．

　ここまでは，直線運動や放物運動について説明してきた．ここでは，機械工学において重要となる曲線運動の一種として，回転運動を考える．

❶ 弧度法

　角度の単位としてラジアン（rad）を導入する．角度にラジアンを用いる**弧度法**は $360°$ を 2π rad とする．弧度法はさまざまな物理量を表現しやすくする．半径 1 m の円弧を考えると，弧の角度が $360°$ のときに円周が 2π m なので，角度が θ〔rad〕の場合，円弧の長さ x〔m〕は，比の関係より 2π rad : θ〔rad〕$= 2\pi$ m : x〔m〕となることより，$x = 1 \cdot \theta$ となる．つまり弧度法を用いると，半径 1 m の円であれば，角度が円弧の長さに相当していることがわかる．したがって，半径 r〔m〕，中心角 θ〔rad〕の円弧の長さ x〔m〕は

$$x = r\theta$$

となる．

2-8　$45°$ は何〔rad〕か．また $\dfrac{3}{2}\pi$ rad は何〔°〕か．

解答　$360°$ が 2π rad なので

$$360° : 2\pi = 45° : \theta \quad \text{これより} \quad \theta = \frac{45}{360} 2\pi = \frac{1}{4}\pi \text{ rad}$$

$$360° : 2\pi = \theta : \frac{3}{2} \quad \text{これより} \quad \theta = \frac{360 \times \dfrac{3}{2}\pi}{2\pi} = 270°$$

度（°）とラジアン（rad）の換算表を**表2·1**に示す．

表2·1　度〔°〕とラジアン〔rad〕の換算表

°	0	30	45	60	90	180	270	360	450
rad	0	$\dfrac{\pi}{6}$	$\dfrac{\pi}{4}$	$\dfrac{\pi}{3}$	$\dfrac{\pi}{2}$	π	$\dfrac{3\pi}{2}$	2π	$\dfrac{5\pi}{2}$

❷ 角速度と角加速度

図2·19のように，半径 r〔m〕の円周上を物体が運動している．このとき，Δt〔s〕間に，角度が $\Delta\theta$〔rad〕だけ進んだとすると，単位時間あたりの回転角（これを**角速度**という）ω〔rad/s〕は

$$\omega = \lim_{\Delta t \to 0} \frac{\Delta\theta}{\Delta t} = \frac{d\theta}{dt}$$

となる．角速度も，速度と同じように大きさと向きをもつ量である．

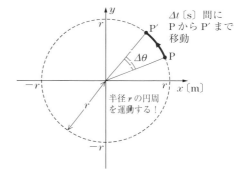

図2·19　円周上の物体の運動

物体は，Δt〔s〕間に円周上のPP′を移動している．すると物体の速さ v〔m/s〕は

$$v = \lim_{\Delta t \to 0} \frac{\text{PP}'}{\Delta t} = \lim_{\Delta t \to 0} \frac{r\Delta\theta}{\Delta t} = r\lim_{\Delta t \to 0} \frac{\Delta\theta}{\Delta t} = r\frac{d\theta}{dt} = r\omega$$

となる．この速度の向きは，時間間隔 Δt をかぎりなく小さくとると，円の接線方向を向く．この速度のことを特に**周速度**という．

単位時間あたりの角速度の変化を表す量を**角加速度** α〔rad/s²〕で表すと

$$\alpha = \frac{d\omega}{dt}$$

である．角加速度が一定の場合（すなわち $\alpha =$〔一定〕の場合）には，0 s における角速度を ω_0，回転角を 0 とし，t〔s〕後の角速度を ω，回転角を θ とする．上式を時間 t について積分すると

$$\int_0^t \alpha\,dt = \int_0^t \frac{d\omega}{dt}\,dt$$

したがって，$\alpha t = \int_{\omega_0}^{\omega} d\omega = \omega - \omega_0$ となる．よって
$$\omega = \omega_0 + \alpha t$$
が得られる．さらにこの式を時間 t で積分すると
$$\int_0^t \omega dt = \int_0^t \omega_0 dt + \int_0^t \alpha t dt$$

左辺は，$\int_0^t \omega dt = \int_0^t \dfrac{d\theta}{dt} dt = \int_0^\theta d\theta = \theta$

右辺は，$\int_0^t \omega_0 dt + \int_0^t \alpha t dt = \omega_0 t + \dfrac{1}{2} \alpha t^2$

となることより
$$\theta = \omega_0 t + \frac{1}{2} \alpha t^2$$
が得られる．$\omega = \omega_0 + \alpha t$ と $\theta = \omega_0 t + \dfrac{1}{2} \alpha t^2$ より，t を消去すると
$$2\alpha\theta = \omega^2 - \omega_0^2$$
となる．まとめると，角加速度を $\alpha = \dfrac{d\omega}{dt}$ とすると

時間 t と角速度 ω の関係は	$\omega = \omega_0 + \alpha t$	〔rad/s〕
時間 t と回転角 θ の関係は	$\theta = \omega_0 t + \dfrac{1}{2} \alpha t^2$	〔rad〕
角速度 ω と回転角 θ の関係は	$2\alpha\theta = \omega^2 - \omega_0^2$	〔rad^2/s^2〕

となる．これらの式は，一般的な円運動を理解するうえできわめて重要である．

2-9 物体が半径 2.00 m の円周を 1 回転するのに，8.00 秒要した．この物体の平均の角速度と平均の速さを求めなさい．

解答 1 回転は 2π rad で，周期が 8.00 s なので，平均の角速度 ω は
$$\omega = \frac{d\theta}{dt} = \frac{2\pi}{8.00} = \frac{2 \times 3.14}{8.00} = 0.785 \text{ rad/s}$$
また，平均の速さ v は
$$v = r\omega = 2.00 \times 0.785 = 1.57 \text{ m/s}$$

❸ 回転速度，回転数，周期

車や機械の**回転速度**は，1分間あたりの**回転数**である r/min という単位を用いることが多い．回転速度 n〔r/min〕の場合，1分間に $2\pi n$〔rad〕回転することより，角速度 ω は

$$\omega = \frac{d\theta}{dt} = \frac{2\pi n}{60} \text{〔rad/s〕}$$

となる．

1回転してもとに戻る時間を**周期**といい，周期 T〔s〕は角速度の定義（単位時間あたりに回転する角度）より

$$T = \frac{2\pi}{\omega} = \frac{60}{n} \text{〔s〕}$$

となる．

2-10 静止していた円板が，2.0 s 後に 50 r/min になった．このときの，角加速度 α〔rad/s²〕を求めなさい（**図 2・20**）．

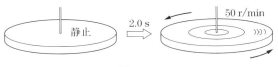

図 2・20

解答 2.0 s 後の回転速度が 50 r/min なので，角速度は，$2 \times 3.14 \times \dfrac{50}{60} = 5.23$ rad/s である．したがって角加速度 α は

$$\alpha = \frac{5.23 - 0}{2.0 - 0} = 2.62 \text{ rad/s}^2$$

2-8 等速円運動

……… 等速で クルクル回る 観覧車

❶ 等速円運動とは，一定の速さで円周上を動き，速度は接線の向きである．
❷ 等速円運動の加速度の向きは円の中心である．

❶ 等速円運動

等速円運動とは，円周上を一定の速さで進む運動である．前節で扱った角速度 ω〔rad/s〕が一定で，角加速度 α〔rad/s²〕が 0 である．**図 2・21** のように，半径 r〔m〕の円周上を，物体が一定の角速度 ω〔rad/s〕で運動しているとき，物体の周速度は

$$v = \frac{dx}{dt} = \frac{d(r\theta)}{dt} = r\frac{d\theta}{dt} = r\omega \text{〔m/s〕}$$

となる．ここで速度の向きは円の接線方向である．

この等速円運動の周期 T は，$T = \dfrac{2\pi r}{v} = \dfrac{2\pi}{\omega}$ となる．回転数 n は，$n = \dfrac{1}{T} = \dfrac{\omega}{2\pi}$ である．

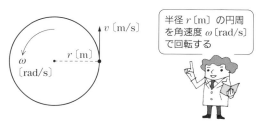

図 2・21 等速円運動

❷ 加速度

等速円運動は速さが一定であるが，向きは常に変化しているので速度は変化している．したがって加速度をもっている．

いま，**図2·22**のように，半径r〔m〕の円周を角速度ωで回転している物体があるとする．ある時刻における物体の位置をP，Δt〔s〕後の時刻における物体の位置をP′とする．回転角をθとすると，θは，角速度の定義より$\theta = \omega \Delta t$と書ける．それぞれの時刻における速度ベクトルを$\boldsymbol{v}$，$\boldsymbol{v}'$とする．このとき，$\Delta \boldsymbol{v} = \boldsymbol{v}' - \boldsymbol{v}$は**図2·23**のようになる．ここで，加速度$\boldsymbol{a}$を考える．$\boldsymbol{a}$は加速度の定義より

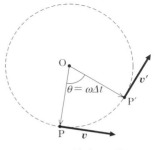

図2·22 等速円運動の速度ベクトル

$$\boldsymbol{a} = \frac{\Delta \boldsymbol{v}}{\Delta t}$$

と表される．加速度$\boldsymbol{a}$の向きは，$\Delta \boldsymbol{v}$の向きと一致している．ここで，Δtをできるだけ小さくしたとき，$\Delta \boldsymbol{v}$の大きさは，ベクトル図より，$v\theta = v\omega\Delta t$となる．したがって，加速度$a$の大きさは

$$a = \frac{\Delta v}{\Delta t} = \frac{v\omega\Delta t}{\Delta t} = v\omega = r\omega^2 = \frac{v^2}{r}$$

となる．

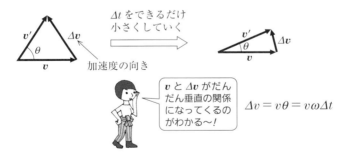

図2·23 等速円運動の加速度ベクトル

いま，速度の向きは円の中心方向と垂直方向を向いている．そして，等速円運動であるため$\boldsymbol{v}$，$\boldsymbol{v}'$の速度ベクトルは長さが等しくなっているので，図2·23の二等辺三角形の関係より，Δtをできるだけ小さくしたときには，$\Delta \boldsymbol{v}$が$\boldsymbol{v}$に対して垂直向きになることがわかる．したがって，加速度$\boldsymbol{a}$は円の中心方向を向くことがわかる．等速円運動の加速度を**向心加速度**という．

2-9

リンク機構の数理解析

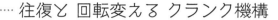

往復と 回転変える クランク機構

❶ 変位の時間微分が速度，速度の時間微分が加速度である．
❷ 往復スライダクランク機構は円運動を直線往復運動に変換する．

　機械の運動において，基本となるのは直線運動と円運動である．ここでは円運動の応用として，往復運動を回転運動に変換する**往復スライダクランク機構**の変位，速度，加速度について考える．

❶ 往復スライダクランク機構

　往復スライダクランク機構は**図 2・24** のような装置であり，自動車のエンジンなどさまざまなところで使用されている．

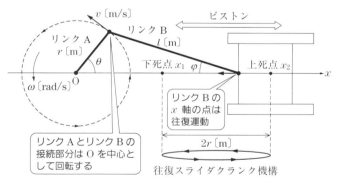

図 2・24　往復スライダクランク機構

❷ 回転運動の速度，加速度

　図 2・24 のように，リンク A とリンク B がある．A と B の接続部分が半径 r〔m〕の円周を一定の角速度 ω〔rad/s〕で回転しているとき，接続部分の速さ v〔m/s〕は

$$v = r\omega \text{〔m/s〕}$$

となる．このとき，速度の向きは円の接線方向である．加速度 a〔m/s²〕は

$$a = r\omega^2 \; [\text{m/s}^2]$$
となる.

❸ ピストンの変位,速度,加速度

次に,図 2・24 中のリンク B に接続されたピストンはどのような運動をするか考える.

まず,ピストンの変位 x を考える.

リンク B の長さを l [m] とし図 2・25 のように原点 O と x 軸を設定する.図のように,ある時刻におけるリンク A と x 軸とのなす角を θ,リンク B と x 軸とのなす角を φ とすると

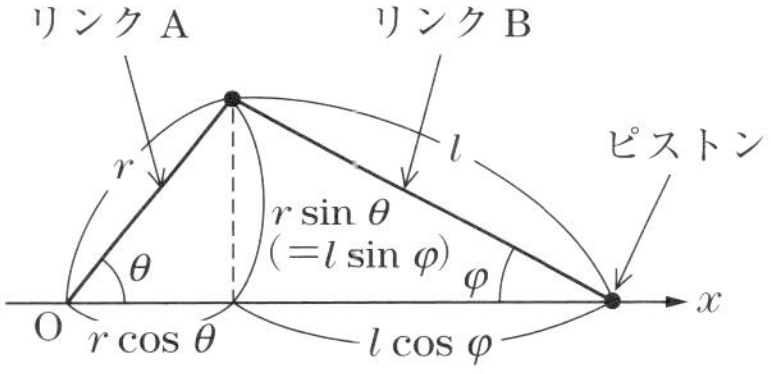

$$x = r\cos\theta + l\cos\varphi$$

と表すことができる.

図 2・25　ピストンの運動図解

$t = 0\,\text{s}$ において $\theta = 0$ とすると,$\theta = \omega t$ より

$$x = r\cos\omega t + l\cos\varphi$$

となる.ここで θ と φ の関係は,図 2・25 の点線について考えると

$$r\sin\theta = l\sin\varphi$$

となるので,$\cos\varphi = \sqrt{1-\sin^2\varphi} = \sqrt{1-\dfrac{r^2}{l^2}\sin^2\theta}$ である.したがって

$$x = r\cos\theta + l\sqrt{1-\dfrac{r^2}{l^2}\sin^2\theta}$$

となる.ピストンの下死点(図 2・25 で最も左に位置するとき)x_1 の位置は $\cos\theta = \cos 180° = -1$,$\sin\theta = \sin 180° = 0$ となることより

$$x_1 = l - r$$

である.また上死点(図 2・25 で最も右に位置するとき)x_2 の位置は $\cos\theta = \cos 0° = 1$,$\sin\theta = \sin 0° = 0$ となることより

$$x_2 = l + r$$

である.したがって,ピストンの往復距離 $x_2 - x_1$ は次式で求まる.

$$x_2 - x_1 = l + r - (l - r) = 2r$$

次に,ピストンの速度 v について考える.v は変位 x を時間 t で微分すればよい.すなわち,$v = \dfrac{dx}{dt}$ を計算すればよい.ただし,ここでリンク B の長さ l と

リンク A の長さ r が，$l \gg r$ であると仮定する．すると，α が 1 よりも小さい場合には，$(1+\alpha)^n = 1+n\alpha$ と近似することができるので，変位 x の式は

$$x = r\cos\omega t + l\left(1 - \frac{r^2}{l^2}\sin^2\omega t\right)^{\frac{1}{2}} = r\cos\omega t + l\left(1 - \frac{1}{2}\cdot\frac{r^2}{l^2}\sin^2\omega t\right)$$

$$= r\cos\theta + l - \frac{r^2}{2l}\sin^2\omega t = r\cos\theta + l - \frac{r^2}{2l}\sin^2\theta$$

と表される．この式を時間 t で微分すると

$$v = \frac{dx}{dt} = \frac{d(r\cos\omega t)}{dt} + \frac{d(l)}{dt} + \frac{d\left(-\frac{r^2}{2l}\sin^2\omega t\right)}{dt}$$

$$= -r\omega\sin\omega t + 0 - \frac{r^2}{2l}\cdot\frac{d(\sin^2\omega t)}{dt}$$

$$= -r\omega\sin\omega t - \frac{r^2}{2l}\cdot\frac{d\{(\sin\omega t)\cdot(\sin\omega t)\}}{dt}$$

$$= -r\omega\sin\omega t - \frac{r^2}{2l}2\omega\sin\omega t\cos\omega t$$

$$= -r\omega\sin\theta - \frac{r^2}{l}\omega\sin\theta\cos\theta$$

となる．上死点（$\theta = 0°$），下死点（$\theta = 180°$）はともに，$\sin 0° = \sin 180° = 0$ より，$v = 0$ となる．図 2·26 のように，振動の中心においては，$\theta = 90°$ もしくは $\theta = 270°$ なので，$\theta = 90°$ の速度 v_1 は

$$v_1 = -r\omega\sin 90° - \frac{r^2}{l}\omega\sin 90°\cos 90° = -r\omega$$

となり，$\theta = 270°$ の速度 v_2 は

$$v_2 = -r\omega\sin 270° - \frac{r^2}{l}\omega\sin 270°\cos 270° = r\omega$$

となる．加速度 a は，得られた v をさらに時間 t で微分すればよい．

$$a = \frac{dv}{dt} = \frac{d(-r\omega\sin\omega t)}{dt} + \frac{d\left(-\frac{r^2}{l}\omega\sin\omega t\cos\omega t\right)}{dt}$$

$$= -r\omega^2\cos\omega t - \frac{r^2}{l}\omega\frac{d(\sin\omega t\cos\omega t)}{dt}$$

$$= -r\omega^2 \cos\omega t - \frac{r^2}{l}\omega^2(\cos^2\omega t - \sin^2\omega t)$$

$$= -r\omega^2 \cos\omega t - \frac{r^2}{l}\omega^2\{\cos^2\omega t - (1-\cos^2\omega t)\}$$

$$= -r\omega^2 \cos\omega t - \frac{r^2}{l}\omega^2(2\cos^2\omega t - 1)$$

ここで，$r\omega^2$ でまとめると

$$a = r\omega^2\left(\frac{r}{l} - \cos\theta - \frac{2r}{l}\cos^2\theta\right) = r\omega^2\left\{\frac{r}{l} - \cos\theta - \frac{2r}{l}\left(\frac{1+\cos 2\theta}{2}\right)\right\}$$

$$= r\omega^2\left(-\cos\theta - \frac{r}{l}\cos 2\theta\right)$$

となる．なお，三角関数における 2 倍角の公式 $\cos 2\theta = 2\cos^2\theta - 1$ を用いている．

図 **2・27** のように，下死点（$\theta = 180°$）の場合，$\cos 180° = -1$ より，下死点の加速度 a_1〔m/s²〕は

$$a_1 = r\omega^2\left(1 - \frac{r}{l}\right)$$

上死点（$\theta = 0°$）の場合，$\cos 0° = 1$ より加速度 a_2〔m/s²〕は次式となる．

$$a_2 = r\omega^2\left(-1 - \frac{r}{l}\right)$$

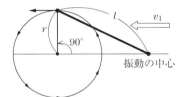

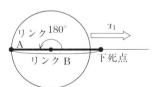

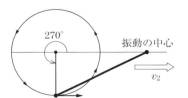

図 2・26　ピストンの速度ベクトル　　図 2・27　ピストンの上死点・下死点

章末問題

問題 1 108 km/h は何 m/s か．また，2.5 m/s は何 km/h か．

問題 2 地球の半径を 6 400 km とする．このとき，図 2・28 のように，赤道の上空 10 km の上空を 24 時間で 1 周するには，何 km/h の速さで進まなくてはいけないか求めなさい．

図 2・28

問題 3 30 km/h の速さで電車に乗っている人から，窓の外に降っている雨を見ると，図 2・29 のように鉛直より 40°の角度で落ちている．雨は鉛直下向きに進んでいるとして，雨の落下速度を求めなさい．

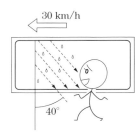

図 2・29

問題 4 図 2・30 のように，一直線上を一定の加速度 2.0 m/s^2 で進んでいる物体がある．この物体が時刻 10 s から時刻 20 s までに移動する距離を求めなさい．ただし，時刻 10 s における物体の速さは 3.0 m/s とする．

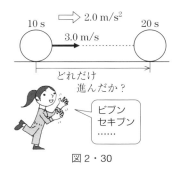

図 2・30

問題 5 時刻 t 〔s〕における物体の変位の式が $x = 0.20t + 0.30t^2$ 〔m〕で与えられる運動がある．この物体の $t = 2.0$ s における位置と速度を求めなさい．

問題 6 図 2·31 のように，20 m の高さから物体を自由落下させた．物体の 1.0 秒後の速度と地上からの高さを求めなさい．

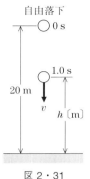

図 2·31

問題 7 図 2·32 のように，地上 40 m の高さの位置から物体を 2.0 m/s の速さで下向きに投げ下ろした．2.0 秒後の物体の速度と地上からの高さを求めなさい．

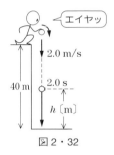

図 2·32

問題 8 図 2·33 のように，地上から鉛直上向きに 29.4 m/s の速さでボールを投げ上げた．最高点の高さと，もとの高さに戻ってくるまでに要した時間を求めなさい．

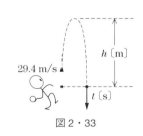

図 2·33

問題 9 図 2·34 のように，物体を水平面から 60° の方角に初速度 20 m/s で斜方投射した．この物体の最高点と水平到達距離を求めなさい．

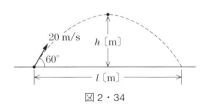

図 2·34

問題 10 図 2·35 のように，49 m のビルから水平方向に 30 m/s の速さで物体を水平投射した．物体が地面に衝突する時間と，衝突時の地面と物体の進行方向とのなす角を θ とすると，$\tan\theta$ の値を求めなさい．

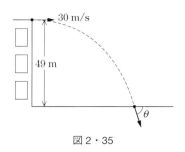

図 2·35

問題 11 図 2·36 のように，半径 0.020 m の円周上を物体が 1.0 秒間に 200 回転した．この物体の角速度 ω と平均の速さ v を求めなさい．

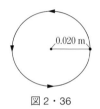

図 2·36

問題 12 図 2·37 のように，半径 3.0 m の円周を角速度 2.0 rad/s で物体が等速円運動している．

このとき，物体の速さ v，加速度の大きさ a を求めなさい．

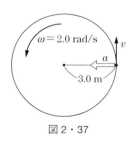

図 2·37

第3章

機械の動力学

　機械を運動させるには力が必要であるため，機械の設計には力の理解が欠かせない．

　本章では，第1章で学んだ「力」と第2章で学んだ「運動」がどのような関係にあるのかを記述しているニュートンの運動の法則について，特に運動方程式を中心に学んでいく．

　また，エネルギーの考え方を導入して力学的エネルギーの保存や万有引力などについても学ぶことにより，自ら設計を行う機械の運動方程式を立てたり，エネルギー変換を考えたりすることができるようにする．

3-1 運動の3法則

ニュートンの感性が生んだ3法則

❶ **慣性の法則**：合力が0の場合，現在の運動状態を保ち続けようとする．
❷ **運動の法則**：物体に生じる加速度は，加える力に比例し，物体の質量に反比例する．
❸ **作用・反作用の法則**：物体に力を加えると，その物体から力を受ける．

❶ 慣性の法則（運動の第1法則）

　物体にはたらく力が **0** のとき，もしくは複数の力がはたらいていても，それらの合力が **0** であるとき，物体は現在の運動状態を保ち続けようとする性質がある．これを**慣性**といい，慣性の大きさは，物体の質量によって決まる．すなわち，静止している物体は静止し続け，運動している物体は等速直線運動を続けようとする（**図3・1**）．これを**慣性の法則**（または**運動の第1法則**）という．

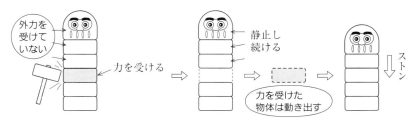

図3・1　慣性の法則

❷ 運動の法則（運動の第2法則）

　力には，物体の運動状態を変化させるはたらきがある．すなわち，物体にある力 F がはたらくと，その力の向きに加速度 a を生じることになる（**図3・2**）．**図3・3**(a), (b) のように，加速度 a は，力 F に比例し，物体の質量 m に反比例する．そして加速度の向きは，力（合力）の向きに生じることになる．これを，式で表すと

$$a = k\frac{F}{m}$$

となる．これを**運動の法則**（または**運動の第2法則**）という．ここで k は比例定数であり，この比例定数を1とするためにニュートン〔N〕という単位が導入された．

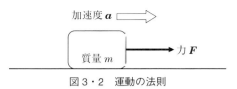

図3・2　運動の法則

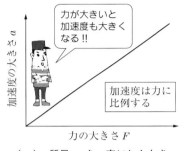
（a）　質量 m を一定にしたとき

（b）　力 F を一定にしたとき

図3・3　加速度と質量・力との関係

❸ 作用・反作用の法則（運動の第3法則）

16ページでも述べたように，物体Aが物体Bに力をはたらかせると，物体Bから物体Aに同じ作用線上で大きさが等しく，向きが反対の力がはたらく（図3・4）．これを**作用・反作用の法則**（または**運動の第3法則**）といい，2つの力をそれぞれ**作用の力**，**反作用の力**という．2力のつり合いとは異なり，2つの力の作用する物体が異なることに注意する．

力	作用する物体
F	壁
F'	人

図3・4　作用・反作用の法則

3-2 運動方程式

質量と加速度かければ力がわかる

> **Point**
> ❶ 運動の法則の比例定数 k を 1 にするように力の単位〔N〕を導入する．
> ❷ 運動方程式は物体の運動を決定することができる．

❶ 運動方程式

運動の法則において，質量 m と力 $\boldsymbol{F}$，加速度 $\boldsymbol{a}$ の関係は，$\boldsymbol{a} = k\left(\dfrac{\boldsymbol{F}}{m}\right)$ で与えられることはすでに述べた．ここで，この比例定数 k の値を 1 にするために，力の単位〔N〕を導入する．すなわち，1 kg の物体に 1 m/s² の加速度の大きさを生じさせるのに必要な力の大きさを 1 N とする．すると，運動の法則で得られた関係式は

$$m\boldsymbol{a} = \boldsymbol{F}$$

となる．これを**運動方程式**といい，力学において重要な式である．

物体にいくつもの力がはたらいている場合は，運動方程式は

$$m\boldsymbol{a} = \sum_i \boldsymbol{F}_i$$

となる．すなわち右辺の力には，物体にはたらくすべての力の合力が入る．加速度の向きは，合力の向きに一致している．運動方程式によって，力が加えられたときにどのような運動をするかを求めることができる．また，運動の様子がわかっているときに，どのような力がはたらいているかを求めることもできる．加速度 $\boldsymbol{a}$ は $\boldsymbol{a} = \dfrac{d\boldsymbol{v}}{dt}$ と表すことができるため，運動方程式は，$m\left(\dfrac{d\boldsymbol{v}}{dt}\right) = \sum_i \boldsymbol{F}_i$ とも表される．$\boldsymbol{a}, \boldsymbol{F}$ を x 成分，y 成分で考えると，運動方程式は次式で表される．

(x 成分) $ma_x = F_x$
(y 成分) $ma_y = F_y$

❷ 運動方程式の立て方

運動方程式を用いて，運動の加速度などを求めるには次のようにする．

① どの物体について運動方程式を立てるかを決める．1 つの物体について 1 つの運動方程式 $m\boldsymbol{a} = \sum_i \boldsymbol{F}_i$ が立てられる．平面運動の場合は，x 成分，y 成分に関する方程式 $ma_x = \sum_i F_{ix}, ma_y = \sum_i F_{iy}$ が得られ，直線運動の場合は，運動する方向に関する方程式 $ma = \sum_i F_i$ が得られる．

② いま注目している物体にはたらいている力を示す．このとき，力を見落とさないように注意する．力は，3 ページで示した重力，弾性力，張力，垂直抗力，摩擦力，浮力のほか，静電気力などである．

③ 正の向きを定める．一般に，物体の運動する向きを正とする．直線運動の場合，運動の向きの加速度を a 〔m/s²〕とする．

④ 平面運動の場合は，物体にはたらく力を x 成分，y 成分に分解する．そして F_x, F_y を各成分に関する運動方程式の右辺に代入する．直線運動の場合は，力の正負を考えて運動方程式の右辺に代入する．

例題 3-1 図 3・5 において，質量 $m = 1.0$ kg，重さ $W = 9.8$ N の物体が，鉛直上向きの張力 $T = 20$ N を受けて，鉛直上向きに運動している．この物体の加速度 a 〔m/s²〕を求めなさい．

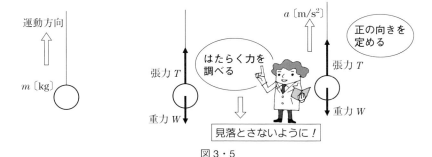

図 3・5

解答 物体にはたらく力は張力と重力である．したがって，物体の運動方程式は上向きを正とすると $ma = T + (-W)$ となる．よって

$$a = \frac{T-W}{m} = \frac{20-9.8}{1.0} = 10.2 \text{ m/s}^2$$

となる．

❸ 質量と重量

質量とは，物体に固有の量であり，**重量**とは物体にはたらく重力の大きさのことである．地球上で物体の落下運動の加速度の大きさは g 〔m/s²〕であることから質量 m 〔kg〕の物体にはたらく重力の大きさ W 〔N〕は，運動方程式より

$$W = mg \text{〔N〕}$$

となる．これより，地球上で 1 kg の物体にはたらく重力の大きさは 9.8 N である．なお，月面上での重力の大きさは地球上の約 $\dfrac{1}{6}$ である．

運動方程式に出てくる物体の質量 m は，力 F を加えたときに物体に生じる加速度の生じにくさ（慣性）を表す量であり，この意味で**慣性質量**という．一方，$W = mg$ の質量 m は，物体にはたらく重力の大きさ mg を表す量であり，**重力質量**という．慣性質量と重力質量は独立のものであるが，経験的には両者は等しいことが知られている．

❹ 運動方程式を解く

運動方程式を実際に解いてみる．

3-2 図 3·6 のように，なめらかな水平面上に，質量 5.0 kg の物体が置かれている．この物体に，20 N の力を右向きに加えたときに物体に生じる加速度の大きさ a 〔m/s²〕を求めなさい．

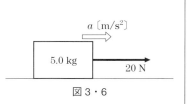

図 3·6

解答 物体に生じる加速度の大きさを a とすると，運動方程式 $ma = F$ より

$$a = \frac{F}{m} = \frac{20}{5.0} = 4.0 \text{ m/s}^2$$

となる（なお，向きは右向きである）．

3-3 図3・7のように, 滑車にひもをかけ, 質量 10 kg の物体 A と, 5.0 kg の物体 B をつるすとき, 物体の加速度の大きさ a [m/s^2] と, ひもの張力の大きさ T [N] を求めなさい. ただし, ひもと滑車の質量は無視できるものとする.

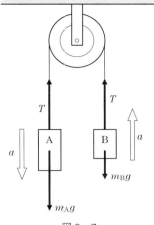

図3・7

解答 物体にはたらく力は重力と張力のみである. 物体 A の質量が, 物体 B よりも大きいので, 物体 A は下向きに運動する. 下向きを正とし, 張力を T, 加速度を a とすると, 運動方程式は, $m_A a = m_A g - T$ と表されるので

$$10 \times a = 10 \times 9.8 - T$$

となる. 物体 B に関しては, 上向きを正とすると, $m_B a = T - m_B g$ と表されるので

$$5.0 \times a = T - 5.0 \times 9.8$$

となる. この 2 式より, 加速度 a と張力 T を求めると, A についての式より, $a = 9.8 - \dfrac{T}{10}$ と書け, これを B の式に代入すると, $5.0 \times \left(9.8 - \dfrac{T}{10}\right) = T - 5.0 \times 9.8$ となり, これより, $T = \dfrac{196}{3} = 65$ N となる. また, 加速度 a は, $a = 9.8 - \dfrac{T}{10} = 9.8 - \dfrac{65}{10} = 9.8 - 6.5 = 3.3$ m/s^2 となる.

〔参考〕これをアトウッドの装置といい, 重力加速度を求める手段の 1 つである. 昔は細かい時間変化を測る方法がなかったので, 2 つのおもりの重さをわずかに異なるようにして加速度運動させ, 重力加速度の大きさを求めた.

3-3

摩 擦

　　　　　　　　　動いても 止まっていても はたらく摩擦

❶ 静止摩擦とは，静止している物体にはたらく摩擦力である．
❷ 動摩擦とは，動いている物体にはたらく摩擦力である．
❸ ころがり摩擦とは，ころがっている物体にはたらく摩擦力である．

❶ 摩擦力

摩擦力とは，物体の運動を妨げようとする力である（図 **3・8**）．摩擦力の種類には，静止摩擦力，動摩擦力，ころがり摩擦力がある．

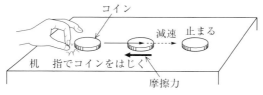

図3・8　摩擦力

❷ 静止摩擦力

摩擦のある水平面上に置かれた物体がある．この物体は，水平方向にわずかな力を加えても運動しない．これは，外力に対して大きさが等しく逆向きに物体が置かれた面から摩擦力を受けていて物体はつり合いの状態にあるためである．この摩擦力を**静止摩擦力**という（図 **3・9**，図 **3・10**）．

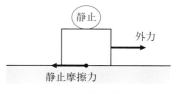

図3・9　静止摩擦力

さらに外力を大きくしていくと物体は運動し始める．物体がすべり出す直前までは，静止摩擦力と外力はつり合っている．このすべり出す直前の静止摩擦力のことを**最大（静止）摩擦力**という．最大摩擦力は，物体と接触面の種類と，物体

が置かれた床から受ける垂直抗力によって決まる．一般に，最大摩擦力の大きさ F_0 は，垂直抗力の大きさ N に比例する．これを式で表すと，次式で表される．

$$F_0 = \mu N$$

ここで，比例定数 μ は物体と接触面によって定まる係数であり，これを**静止摩擦係数**という．

一般に静止摩擦係数 μ は水平面において，垂直抗力 N と最大摩擦力 F_0 を調べる

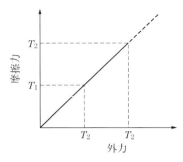

図3・10　外力と静止摩擦力の関係

ことで求められるが，そのほかに次のような求め方がある．面の上に物体を置き，面の傾きをしだいに大きくしていくとき，傾き θ がある値 θ_0 を超えると物体はすべり出したとする．このときの角度 θ_0 を**摩擦角**という．このとき，物体にはたらく力を図示すると**図3・11**のようになる．

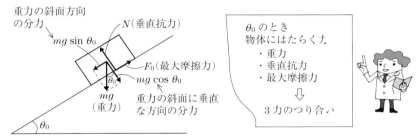

図3・11　摩擦角における3力のつり合い

重力を斜面方向と斜面に垂直な方向に分解する．重力の斜面方向の分力は，$mg \sin \theta_0$ になり，斜面に垂直な方向の分力は $mg \cos \theta_0$ になることが，重力を対角線とする長方形を作図することでわかる．このときの力のつり合いを考えると，斜面に垂直な方向にはたらいている力は，重力の斜面に垂直方向の分力と斜面から受ける垂直抗力 N である．物体は，斜面方向に動き出そうとしているので，斜面に垂直な方向はつり合いが成立しており

$$N = mg \cos \theta_0$$

となる．この動き出す直前の摩擦力である最大摩擦力を F_0 とすると

$$F_0 = mg \sin \theta_0$$

となる．F_0 は静止摩擦係数 μ と垂直抗力 N の積で与えられることより

$$F_0 = \mu N = \mu mg \cos\theta_0$$

よって，F_0 に関する 2 つの式より，$\mu mg \cos\theta_0 = mg \sin\theta_0$ が成り立つ．したがって，静止摩擦係数 μ は

$$\mu = \frac{\sin\theta_0}{\cos\theta_0} = \tan\theta_0$$

となる．これより，摩擦角 θ_0 を調べれば，μ を求めることができる．

❸ 動摩擦力

摩擦力は静止しているときだけではなく，運動している物体にもはたらく．この運動している物体にはたらく摩擦力を**動摩擦力**という．動摩擦力の大きさも，物体が置かれた床に対しての垂直抗力 N に比例している．これを式で表すと

$$F' = \mu' N$$

となる．この μ' は物体と床の種類によって決まり，**動摩擦係数**という．静止摩擦係数と動摩擦係数に関して，一般に $\mu > \mu'$，すなわち $F_0 > F'$ の関係がある．

図 3·12 と図 3·13 に，引く力と摩擦力の関係について示す．

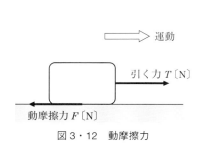

図 3·12　動摩擦力

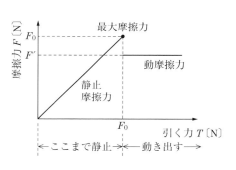

図 3·13　引く力と摩擦力の関係

❹ ころがり摩擦力

円板や球などがころがり運動をする場合，物体には**ころがり摩擦力**がはたらく．図 3·14 のように，重さ W〔N〕，半径 r〔m〕の球が水平方向に力 F〔N〕を受けて，一定の速度 v〔m/s〕で転がっている場合を考える．

このとき，水平面は図のようにくぼみ，このくぼみを乗りこえて物体は運動し

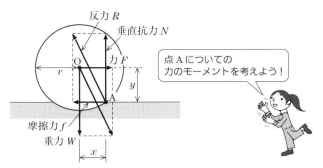

図3・14 ころがり摩擦力

ている．ここで，FとWの合力が反力Rとつり合っている．反力Rは，垂直抗力Nと摩擦力fの合力であり，力のつり合いより

$f = F$〔N〕

$N = W$〔N〕

となっている．点Oを通る鉛直線と点Aとの距離をx，点Oを通る水平線と点Aとの距離をyとすると，点Aについての力のモーメントの和は

$Wx - Fy = 0$

となる．これより，$x = \dfrac{Fy}{W}$となる．ここで物体の大きさに対してくぼみの度合いが小さければ，yはrに近似してよいので

$x = \dfrac{Fr}{W}$

となる．このときxは，接触面の種類や状態によって決まる値であり，これを**ころがり摩擦係数**という．

静止摩擦係数や動摩擦係数には単位はないが，ころがり摩擦係数の単位はmである．

3-4 運動量と力積

宇宙船 ロケット噴射で 速度アップ

Point
① 運動量は，物体の運動の激しさを表す量である．
② 力積は，力と時間の積で表される．
③ 物体の運動量の変化は，物体の受けた力積に等しい．

❶ 運動量

物体の運動の激しさを表す量を**運動量**という．運動量はベクトルであり，質量 m〔kg〕の物体が，速度 v〔m/s〕で運動しているとき，物体の運動量 p〔kg·m/s〕は

$$p = mv$$

で与えられる．運動量 p の向きは，速度 v の向きと一致する．

例題 3-4 質量 5.0 kg の物体が 0.30 m/s で進んでいるときの運動量の大きさを求めなさい（**図3·15**）．

図3·15

解答 $p = mv$ より
$p = 5.0 \times 0.30 = 1.5$ kg·m/s

❷ 力積

図 3·16 のように速度 v〔m/s〕で運動している質量 m〔kg〕の物体が，一定の力 F〔N〕を Δt〔s〕間受けることによって，速度が v'〔m/s〕になった．このとき，運動方程式 $ma = F$ より

$$m \frac{v' - v}{\Delta t} = F$$

となり

$$m(\boldsymbol{v}' - \boldsymbol{v}) = \boldsymbol{F}\Delta t$$
$$m\boldsymbol{v}' - m\boldsymbol{v} = \boldsymbol{F}\Delta t$$

の関係がある．このとき，右辺の $\boldsymbol{F}\Delta t$ 〔N·s〕を**力積**という．左辺の $m\boldsymbol{v}$, $m\boldsymbol{v}'$ は運動量であるため，この式は**物体の運動量の変化は，その変化の間に物体が受けた力積に等しい**ことを表している．

力 $\boldsymbol{F}$ が時間によって変化しないとき，力積 $\boldsymbol{F}\Delta t$ は一定の力 $\boldsymbol{F}$ と力を加えた時間 Δt の積で表される．しかし，力の大きさ F が一定でない場合，横軸が時間 t，縦軸が力 F のグラフを表すと，**図3·17** のようになる．このとき，力積は図3·17 のグラフの斜線で囲まれた面積となる．また，運動量の変化と力積の関係を式で表すと，次式で表される．

$$mv' - mv = \int_{t_0}^{t} F(t)\,dt$$

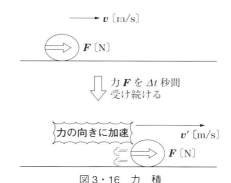

図3·16 力積

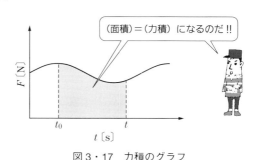

図3·17 力積のグラフ

例題 3-5 初速度 $v_0 = 0.50$ m/s で進んでいた質量 2.0 kg の物体が，進行している方向に 4.0 N の一定の力を 0.20 秒間受けた．そのときの速度の大きさ v〔m/s〕を求めなさい．

解答 運動量の変化と力積の関係より，進行方向を正とすると，
$$2.0 \times v - 2.0 \times 0.50 = 4.0 \times 0.20$$
となる．したがって，速度の大きさ v〔m/s〕は
$$v = \frac{4.0 \times 0.20 + 2.0 \times 0.50}{2.0} = \frac{0.8 + 1.0}{2.0} = 0.90 \text{ m/s}$$
となる．

3-5

運動量の保存

……… 衝突で 運動量の和は 保存

> **Point**
> ❶ 外力による力積が加わらない場合,運動量は保存される.
> ❷ 運動量や力積はベクトルである.

質量 m_A〔kg〕の物体 A と m_B〔kg〕の物体 B が図 **3·18** のように速度がそれぞれ v_A と v_B で進んでいるとき,一直線上の 2 物体の衝突を考える.

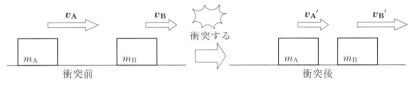

図 3·18 2 物体の衝突

このとき,物体 A の運動量は $m_A v_A$,物体 B の運動量は $m_B v_B$ となる.物体 A と物体 B は衝突し,衝突後の速度が v_A',v_B' になったとする.衝突時間を Δt とすると,Δt〔s〕間に物体 A と物体 B には互いに力がはたらいている.物体 A が及ぼす物体 B にはたらく力 $\boldsymbol{F}_{AB}$ と,物体 B が及ぼす物体 A にはたらく力 $\boldsymbol{F}_{BA}$ は,作用・反作用の関係より,大きさが等しく逆向きである.すなわち

$$\boldsymbol{F}_{AB} = -\boldsymbol{F}_{BA}$$

である.運動量の変化と力積の関係は,それぞれの物体について

$$\text{物体 A}: m_A v_A' - m_A v_A = \int \boldsymbol{F}_{BA} dt$$

$$\text{物体 B}: m_B v_B' - m_B v_B = \int \boldsymbol{F}_{AB} dt$$

と表すことができる.作用・反作用の関係から,$\int \boldsymbol{F}_{BA} dt = -\int \boldsymbol{F}_{AB} dt$ となり,これらを消去すると

$$m_A v_A' - m_A v_A = -(m_B v_B' - m_B v_B)$$

となる.これを変形すると

$$m_A v_A + m_B v_B = m_A v_A' + m_B v_B'$$

となる.この式から,衝突前の 2 つの物体の運動量の和は,衝突後の 2 つの物体

の運動量の和に等しいことがわかる．これを**運動量保存の法則**という．

運動量保存の法則が成立するための条件はどうなるのだろうか．前ページでは，2物体の衝突を考えたが，運動量保存の式を導くときに，力積 $\int \boldsymbol{F}_{BA} dt$ と $\int \boldsymbol{F}_{AB} dt$ の関係は，$\int \boldsymbol{F}_{BA} dt = -\int \boldsymbol{F}_{AB} dt$ となっていた．これは，作用・反作用の関係から得られたものである．ここで，考えている物体どうし（これを**物体系**という）で互いに及ぼし合う力のことを**内力**という．これに対して，物体系以外から及ぼされる力を**外力**という．

外力による力積が加わらない場合，運動量の和は保存されることになる．内力のみがはたらく場合としては，そのほかに分裂があり，このときにも運動量の和は保存される．

3-6 質量 2.0 kg の物体 A が右向きに 3.0 m/s で進んで，前方に静止していた質量 3.0 kg の物体 B と衝突した．衝突後，物体 A は 1.0 m/s で右向きに進んでいる．このとき，衝突後の B の速度の大きさを求めなさい．

解答 2つの物体には内力のみがはたらいているので，運動量保存の法則が成立する．したがって，右向きを正とすると

$$2.0 \times 3.0 + 3.0 \times 0 = 2.0 \times 1.0 + 3.0 \times v$$

となる．したがって

$$v = \frac{2.0 \times 3.0 - 2.0 \times 1.0}{3.0} = \frac{4.0}{3.0} = 1.3 \text{ m/s}$$

3-7 質量 2 t の大砲の中から，質量 10 kg の弾丸が 100 m/s の速さで飛び出した．このとき大砲の後退する速さを求めなさい．

解答 運動量保存の法則より，大砲の速度を v とすると

$$0 = 2.0 \times 10^3 \times v + 10 \times 100$$

これより

$$v = -\frac{10 \times 100}{2.0 \times 10^3} = -0.50 \text{ m/s}$$

したがって，速さ $|v|$ は 0.50 m/s となる．

3-6 衝　突

衝突で パスの道筋 考える

① 反発係数は衝突前後の速さの比で求められる．
② 弾性衝突はもとの高さまで戻る衝突，非弾性衝突は戻らない衝突である．
③ 衝突における力学的エネルギー変化は，弾性衝突においてのみ保存される．

① 反発係数

球をある高さから自由落下させて床にぶつけたとき，その跳ね返り方は球と床の種類によって異なる（**図3・19**）．床に衝突する直前の速さを v [m/s]，衝突後の速さを v' [m/s] とする．このとき，v と v' の比 e，すなわち

$$e = \frac{v'}{v}$$

は球と床の種類（材質や硬さなど）によって決まる定数であり，**反発係数**という．**図3・20**のように，落下距離を h とし，衝突後の上昇距離を h' とすると，反発係数 e は

$$e = \sqrt{\frac{h'}{h}}$$

となる．

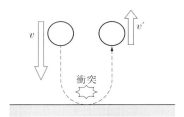

図3・19　自由落下

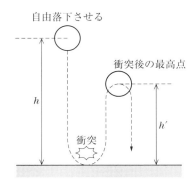

図3・20　自由落下による反発係数

$e = 1$ の衝突の場合，床との衝突後の球の速さは衝突直前の速さに等しい．そのため，球は自由落下させた高さまで戻ってくる．このような衝突を**（完全）弾性衝突**という．

$0 \leq e < 1$ の衝突の場合，衝突直後の速さは衝突直前の速さより小さくなっている．そのため，球は自由落下させた位置よりも低い位置までしか到達しない．このような衝突を**非弾性衝突**という．特に $e = 0$ の衝突の場合，球はまったく跳ね

返らない．このような衝突を**完全非弾性衝突**という．

❷ 一直線上の 2 物体の衝突の場合

次に床ではなく，2 つの球の衝突を考える．ここで，衝突前の速度を v_A，v_B，衝突後の速度を $v_A{}'$，$v_B{}'$ とする（**図 3・21**）．反発係数 e は，衝突前に近づく相対的な速さ $v_A - v_B$ と衝突後に離れていく相対的な速さ $v_B{}' - v_A{}'$ との比とする．すなわち

$$e = \frac{v_B{}' - v_A{}'}{v_A - v_B} = -\frac{v_A{}' - v_B{}'}{v_A - v_B}$$

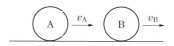

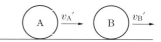

図 3・21　衝突による反発係数

となる（このとき，符号に注意する）．❶ の衝突は $v_B = v_B{}' = 0$ の場合である．ただし速度の向きが変化する場合があるので符号に注意する．

❸ 斜め衝突の場合

床に対して球が斜め衝突をする場合，衝突前後の速度を 2 つの方向に分解する（**図 3・22**）．球に対して，床が及ぼす力 N の向きは接触面に対して垂直なので，鉛直上向きである．つまり鉛直方向にのみ速度変化が生じることになる．

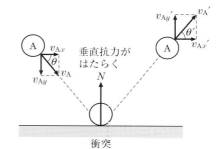

図 3・22　斜め衝突

したがって，衝突面に対して水平方向には衝突前後の速さの変化は生じない．つまり，$v_{Ax} = v_{Ax}{}'$ となる．

そして鉛直方向には，反発係数 e の衝突をする．つまり，速さについては，$v_{Ay}{}' = e v_{Ay}$ となる．衝突前の速度の向きは

$$\tan \theta = \frac{v_{Ay}}{v_{Ax}}$$

を満たす θ 方向であったが，衝突後の速度の向きは

$$\tan \theta' = \frac{v_{Ay}{}'}{v_{Ax}{}'} = \frac{e v_{Ay}}{v_{Ax}} = e \tan \theta$$

を満たす θ' 方向となる．

3-7 仕事と動力

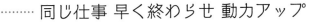
同じ仕事 早く終わらせ 動力アップ

❶ 仕事は，力の大きさと距離の積で表される．
❷ 動力は，単位時間あたりの仕事である．

❶ 仕 事

物体に大きさ F 〔N〕の力を加え，力の向きに s 〔m〕動かしたとき，この力が物体にした**仕事** W は，次式で表される．仕事 W の単位は N·m ＝ J である．

$$W = Fs \ \text{〔J〕}$$

力の向きと動かす向きが一致していない場合，大きさ F 〔N〕の力を加え，物体を変位の大きさ s 〔m〕動かしたとき，F と s のなす角を θ とすると，この力が物体にした仕事 W は

$$W = Fs \cos\theta$$

となる．$F\cos\theta$ は図 3·23 より，力 F の変位方向の分力であることがわかる．

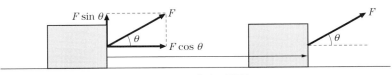

図 3·23 仕事の説明

図 **3·24** のように，変位の方向が変化し，力の大きさも変化する場合を考える．微小変位の大きさを ds とし，この ds の方向と力の方向のなす角を θ とすると，微小変位させるときの力のする仕事 ΔW は

$$\Delta W = F\cos\theta \, ds$$

と表される．点 A から点 B までの間に力のする仕事 W は，上式を積分すればよい．したがって

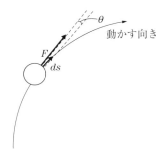

図 3·24 変位，力が変化する仕事

$$W = \int_A^B F \cos\theta \, ds$$

となる．なお，仕事は大きさのみをもつスカラーである．

3-8 質量 5.0 kg の物体を，図 3・25 のように 30° の斜面に沿って 3.0 m の高さまでゆっくり引き上げる．このとき，力のする仕事は何〔J〕になるか求めなさい．

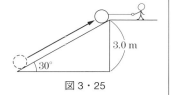
図 3・25

解答 物体にはたらく重力の斜面方向の分力は

$$mg \sin\theta = 5.0 \times 9.8 \times \frac{1}{2} = 24.5 \text{ N}$$

である．したがって，引き上げるのには，斜面上方に 24.5 N の力を加えればよい．したがって，仕事 W は

$$W = Fs \cos\theta = 24.5 \times (3 \times 2) \times \cos 0° = 147 \text{ J}$$

❷ ベクトルの内積

2つのベクトル $\boldsymbol{A}$, $\boldsymbol{B}$ がある．このとき，ベクトルの内積 $\boldsymbol{A} \cdot \boldsymbol{B}$ を次のように定義する．

$$\boldsymbol{A} \cdot \boldsymbol{B} = |\boldsymbol{A}||\boldsymbol{B}| \cos\theta$$

ここで，θ は2つのベクトル $\boldsymbol{A}$ と $\boldsymbol{B}$ のなす角である（図 3・26）．内積は大きさのみをもつスカラーである．

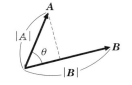
図 3・26　ベクトルの内積

力 $\boldsymbol{F}$〔N〕を加え，物体を変位 $\boldsymbol{s}$〔m〕動かしたとき，$\boldsymbol{F}$ と $\boldsymbol{s}$ のなす角を θ とすると，この力が物体にした仕事 W は

$$W = \boldsymbol{F} \cdot \boldsymbol{s} \text{〔J〕}$$

と表される．

❸ トルク（力のモーメント）

図 3・27 のように，物体が大きさ F〔N〕の力を受けて，半径 r〔m〕の円を回転運動している場合を考える．このとき，微小変位 ds の向きと力 $\boldsymbol{F}$ の向きは同じであると近似できるので，$\cos\theta = \cos 0° = 1$ となる．$ds = rd\theta$ と表されるの

で，点 A から点 B まで力 $\boldsymbol{F}$ のする仕事 W は

$$W = \int_A^B \boldsymbol{F} \, d\boldsymbol{s}$$
$$= \int_A^B F \cos\theta \, ds$$
$$= \int_0^\theta Fr \, d\theta = Fr \int_0^\theta d\theta = Fr\theta$$

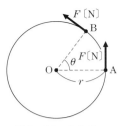

図 3・27　トルク

となる．Fr はトルクに相当するので，これを T とすると

$$W = T\theta \ \text{[J]}$$

となる．よって仕事 W はトルク T（$=Fr$）と回転角 θ の積で表される．

3-9　トルクが 200 N・m の回転軸が 2 回転したときの回転軸のする仕事 W を求めなさい．

解答　2 回転は，$2\pi \times 2 = 4\pi$ rad なので

$$W = T\theta = 200 \times 4 \times 3.14 = 2\,512 \ \text{J}$$

となる．

❹　動　力

単位時間あたりの仕事量を**動力**（もしくは**仕事率**）という．t [s] 間に W [J] の仕事をした場合，動力 P は

$$P = \frac{W}{t} \ \text{[W]}$$

となる．動力の単位は J/s ＝ W（ワット）である．

いま，物体に一定の大きさ F [N] の力を加え，抵抗力に逆らって，力の向きに一定の速さ v [m/s] で動かしている場合を考える．このとき，Δt [s] 間で物体は $v\Delta t$ [m] 動く．したがって，この力のした仕事 ΔW は

$$\Delta W = Fv\Delta t$$

となる．したがって，動力 P は

$$P = \frac{\Delta W}{\Delta t} = \frac{Fv\Delta t}{\Delta t} = Fv$$

となる．

3-10 質量 500 kg の自動車が傾斜角 3° の坂道を 72 km/h の一定の速度で進むには，何〔W〕の動力が必要か求めなさい．ただし，走行時に道より受ける抵抗力を 500 N とする．

解答 自動車がこの坂道を 72 km/h＝20 m/s で進むのに必要な力は
$$F = 500 \times 9.8 \sin 3° + 500 = 256 + 500 = 756 \text{ N}$$
である．したがって，動力 P は
$$P = Fv = 756 \times 20 = 1.5 \times 10^3 \text{ W}$$
となる．

3-11 図 3·28 のように定滑車に長い綱をかけ，その一端に質量 30 kg の物体がつるされている．他端は回転軸をもつ半径 0.30 m の円筒の機械に巻きつけられている．物体は 2.0 m/s の等速度で上昇した．

(1) 機械に発生する力 F は何〔N〕か．
(2) 機械のトルク T は何〔N·m〕か．
(3) 機械の動力 P は何〔W〕か．

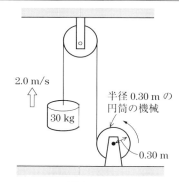

図 3·28

解答 (1) 物体の加速度は，$a = 0$ m/s² である．したがって，機械が物体に及ぼす力を F とすると，運動方程式 $F - mg = 0$ から
$$F = mg = 30 \times 9.8 = 294 \text{ N}$$
となる．

(2) 機械のトルク T は，$T = Fr = 294 \times 0.30 = 88.2$ N·m となる．

(3) 1.0 s 間に物体は 2.0 m 上昇する．この分だけ機械も回転している．機械の回転する角度を θ とすると，$2 = 0.30 \times \theta$ なので $\theta = \dfrac{2}{0.30}$ となる．したがって
$$P = T\theta = 88.2 \times \frac{2}{0.30} = 588 \text{ W}$$
となる（別解としては，$P = Fv = 294 \times 2.0 = 588$ W となる）．

3-8

てこ，滑車，輪軸

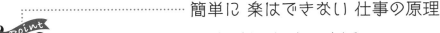

簡単に 楽はできない 仕事の原理

Point
❶ てこにはたらく力の大きさは，腕の長さの比によって決まる．
❷ 定滑車は力の方向を変え，動滑車は力の大きさを半分にする．この2つの滑車を接合したものを輪軸といい，力の大きさは半径の比によって決まる．

道具を用いると，前節で扱った仕事の値はどのようになるだろうか．ここでは，てこや滑車，輪軸を用いたときの仕事量について考える．

❶ て こ

てこを用いて，質量 m〔kg〕の物体をゆっくりと h〔m〕引き上げる場合の仕事を計算する．**図3・29**のように支点からの腕の長さが $a:b$ のてこを用いて物体を引き上げる．

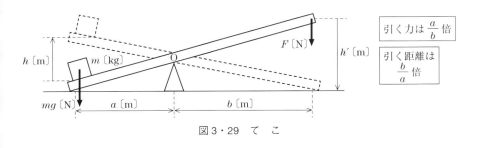

図3・29 て こ

ゆっくり引き上げるとき，点Oに関する力のモーメントはつり合っているので

$$mga - Fb = 0$$

と表される．したがって，てこに加える力の大きさ F は

$$F = \frac{mga}{b}$$

となる．力を加えて移動させる距離 h' は三角形の相似より，$h' = \left(\dfrac{b}{a}\right)h$ となる．したがって，この力のする仕事 W は

$$W = Fs = \frac{mga}{b} \times \frac{b}{a} h = mgh$$

となり，てこを用いないで物体を h [m] もち上げたときの仕事 $W' = Fs = mgh$ と等しくなる．

2 滑車

糸やベルトなどを接続して力の方向を変えたり，力の大きさを変えることのできるものを**滑車**という．滑車には，回転軸が移動しない**定滑車**と，回転とともに回転軸が平行移動する**動滑車**がある．

天井に定滑車を設置し，物体に接続した糸を滑車に通せば，下向きに力を加えることで，物体を引き上げることができる（**図3・30**）．このとき，力の大きさは変化せず，力の方向が変換される．

動滑車は，滑車に質量 m [kg] の物体を接続し，天井に固定した糸を，滑車を通して引き上げるものである（**図3・31**）．このとき，物体にはたらく重力の大きさは，mg [N] である．この場合，2本の糸で物体をもち上げることになるので，物体を引き上げる力の大きさは，物体の重さの半分である $\frac{mg}{2}$ となる．動滑車は，それだけでは機構を構成することはできず，定滑車などと組み合わせて用いる．

物体を h [m] 引き上げるには，糸の片端が固定されているので，$2h$ [m] 引き上げなければならない．したがって，このときの力のする仕事 W は

$$W = Fs = \frac{mg}{2} \times 2h = mgh$$

となり，滑車を用いないで物体を h [m] もち上げたときの仕事 $W' = Fs = mgh$ と等しくなる．

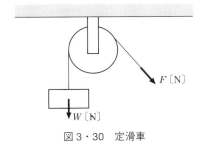

図3・30 定滑車

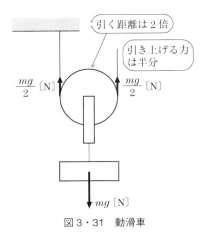

図3・31 動滑車

❸ 輪軸

図 3・32 のような半径 a〔m〕と b〔m〕の滑車を接合したものを**輪軸**という．質量 m〔kg〕の物体（重さ mg〔N〕）に大きさ F〔N〕の力を加えてゆっくり引き上げる．このとき固定軸 O に関する力のモーメントのつり合いより

$$mga - Fb = 0$$

が成立する．よって，引き上げる力は $F = \left(\dfrac{a}{b}\right) mg$ となり，物体の重さより小さい力でもち上げることができる．

物体を，半径 a〔m〕の滑車を θ 回転させて h〔m〕もち上げるのに，半径 b〔m〕の滑車を h'〔m〕引いたとすると，回転角 θ は共通なので

$$h = a\theta$$
$$h' = b\theta$$

が成立する．これより

$$h' = b\dfrac{h}{a}$$

となり，力のした仕事 W は

$$W = Fs = \dfrac{a}{b} mg \times b \dfrac{h}{a} = mgh$$

となる．これは，直接引き上げるときにする仕事 $W' = Fs = mgh$ と同じ値になる．

てこ，滑車，輪軸，斜面，ねじなどを**単一器械**という．これらは，小さな力で大きなものを動かす機械技術の基礎となっている．

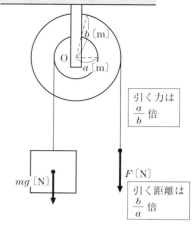

図 3・32　輪軸

❹ 仕事の原理

道具を用いることで，物体を動かす際に加える力の大きさ F を小さくすることは簡単にできるが，その分だけ，変位の大きさ s が大きくなる．したがって，道具を用いても仕事の量は変化しない．このことを**仕事の原理**という．

実際には，摩擦などのため機械がする仕事は，機械に与えられた仕事より小さくなる．そのため，仕事の効率（機械に与える仕事と，機械のする仕事の比）を高める工夫が必要である．

3-12 図 3・33 のように，質量 3.0 kg の物体を 15° の斜面を用いて 5.0 m の高さまで引き上げる．このときの力のする仕事を求めなさい．

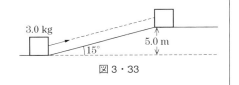

図 3・33

解答 斜面に沿って引く力の大きさ F と，変位 s を求める．
$$F = mg \sin \theta = 3.0 \times 9.8 \sin 15° = 7.61 \text{ N}$$
$$s = \frac{h}{\sin \theta} = \frac{5.0}{\sin 15°} = 19.3 \text{ m}$$
より，仕事 W は，$W = Fs = 7.61 \times 19.3 = 147 \text{ J}$ となる．

仕事の原理より計算すると，$W = mgh = 3.0 \times 9.8 \times 5.0 = 147 \text{ J}$ となり確かに一致している．

3-9 力学的エネルギー

坂道で 速度アップも エネルギーの和は保存

> **Point**
> ❶ 運動エネルギーは，運動する物体がもっているエネルギーである．
> ❷ 位置エネルギーは，ある位置に存在する物体がもっているエネルギーである．

❶ エネルギーとは

ある物体が**エネルギー**をもっているとは，その物体が他の物体に対して仕事をする能力がある状態をいう（図3・34）．したがって，エネルギーの単位は仕事と同じでJである．

図3・34

❷ 運動エネルギー

運動している物体は，他の物体に対して仕事をすることができるのでエネルギーをもっているといえる．この，運動している物体のもつエネルギーを**運動エネルギー**という．

質量 m〔kg〕，速さ v〔m/s〕の物体Aが，静止している物体Bにする仕事を計算する（図3・35）．この物体Aが物体Bに衝突し，速さが v から 0 になったとする．この間に，物体Aは物体Bに力 F を及ぼしているが，作用・反作用の法則より物体Bは物体Aに力（$-F$）を及ぼしている．運動方程式より，Aの加速度を a とすると

$$ma = -F$$

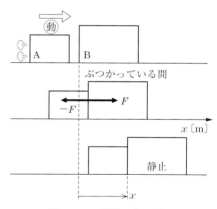

図3・35　運動エネルギー

と表すことができる．ここで $a = \dfrac{d^2x}{dt^2}$ より

$$m\dfrac{d^2x}{dt^2} = -F$$

と表すことができる．この両辺に $\dfrac{dx}{dt}$ をかけて，$0 \sim t$ 〔s〕まで t で積分すると

$$\int_0^t m\dfrac{d^2x}{dt^2}\cdot\dfrac{dx}{dt}\,dt = -\int_0^t F\dfrac{dx}{dt}\,dt$$

となる．ここで右辺は

$$\int_0^t F\dfrac{dx}{dt}\,dt = -\int_0^x F\,dx$$

となる．ただし，ここでは，0 s の位置を $x = 0$，t 〔s〕の位置を x とした．物体 A が物体 B にした仕事は，作用・反作用の関係より，この符号の反対であるから，$\int_0^x F\,dx$ となる．左辺は

$$\dfrac{d}{dt}\left\{\left(\dfrac{dx}{dt}\right)^2\right\} = 2\left(\dfrac{d^2x}{dt^2}\right)\times\dfrac{dx}{dt}$$

より

$$\int_0^t m\dfrac{d^2x}{dt^2}\cdot\dfrac{dx}{dt}\,dt = \left[\dfrac{1}{2}m\left(\dfrac{dx}{dt}\right)^2\right]_0^t = \boxed{0 - \dfrac{1}{2}mv^2}$$

（$t = 0$ s で v 〔m/s〕，t 〔s〕で 0 m/s）

となる．したがって，物体 B にした仕事 W 〔J〕は

$$W = \int_0^x F\,dx = \dfrac{1}{2}mv^2$$

となる．以上より，質量 m 〔kg〕，速さ v 〔m/s〕の物体がもっている運動エネルギー K は次式で表される．

$$K = \dfrac{1}{2}mv^2 \text{〔J〕}$$

例題 3-13 質量 5.0 kg の物体が，4.0 m/s の速さで進んでいる（図 3·36）．このときの運動エネルギー K を求めなさい．

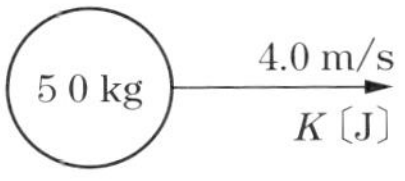

図 3·36

解答 $K = \dfrac{1}{2}mv^2 = \dfrac{1}{2}\times 5.0\times 4.0^2 = 40$ J

3-9 力学的エネルギー

❸ 位置エネルギー

① 重力による位置エネルギー

高いところにある物体は，それだけでエネルギーをもっている．このエネルギーを**重力による位置エネルギー**という．

図3・37のように，質量 m〔kg〕の物体が，基準面より高さ h〔m〕の位置にある場合，この物体を自由落下させると，基準面に到達するときの速さは自由落下の関係式より $\sqrt{2gh}$〔m/s〕となる．ただし g は重力加速度の大きさである．したがって，自由落下することで運動エネルギーをもつことになる．この運動エネルギーは，それ以前，高いところにあった物体に潜在的に備わっていたエネルギーである．したがって，この物体のもっている重力による位置エネルギー U〔J〕は，次のようになる．

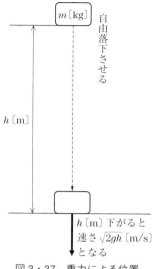

図3・37 重力による位置エネルギー

$$U = \frac{1}{2} mv^2 = \frac{1}{2} m(\sqrt{2gh})^2 = mgh$$

② 弾性力による位置エネルギー

ばねに取り付けられた物体は，ばねが弾性力をはたらかせることで仕事をされる．このとき，ばねは**弾性力による位置エネルギー**をもっているという．

ばね定数 k〔N/m〕のばねが，自然長より x〔m〕伸びているとき，フックの法則 $F = kx$ にしたがってもとに戻ろうとする弾性力 F が生じる（図3・38）．この伸びているばねの先端に，物体を取り付けると，ばねは物体に仕事をする．

ばねが自然長に戻るまでに，物体にする仕事 W は，次式で表される．

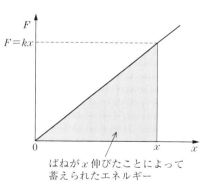

図3・38 弾性力による位置エネルギー

$$W = \int_x^0 F dx = \int_x^0 (-kx) dx = \left[-\frac{1}{2} kx^2 \right]_x^0 = \frac{1}{2} kx^2 \text{ [J]}$$

これは，ばねのもつ弾性力による位置エネルギー U [J] を表している．

$$U = \frac{1}{2} kx^2 \text{ [J]}$$

3-14 質量 2.0 kg の物体が基準面より 5.0 m 高いところにある（図 3·39）．この物体のもっている重力による位置エネルギー U を求めなさい．

図 3・39

解答 物体がもつ位置エネルギー U は，次のように求まる．
$U = mgh = 2.0 \times 9.8 \times 5.0 = 98$ J

3-15 ばね定数（弾性定数）k が 20 N/m のばねが 0.30 m 引き伸ばされている（図 3·40）．このばねの弾性力による位置エネルギー U を求めなさい．

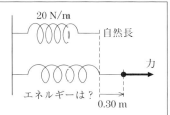

図 3・40

解答 ばねのもつ位置エネルギー U は，次のように求まる．
$U = \frac{1}{2} kx^2 = \frac{1}{2} \times 20 \times (0.30)^2 = 0.90$ J

❹ 力学的エネルギー

運動エネルギーと位置エネルギーの和を**力学的エネルギー**という．
位置エネルギーが定義できる力を**保存力**という．保存力の種類には，重力（万有引力），弾性力，静電気力がある．**物体に保存力以外の力が仕事をしていない場**

合，物体の力学的エネルギーは一定に保たれている（力学的エネルギー保存の法則）．

3-16 地上 40 m の高さから，ジェットコースターの車が静かに動き出した（図 3·41）．レールの各部分には摩擦はないものとする．このとき，地上からの高さが 20 m の位置での速さと地上における速さを求めなさい．

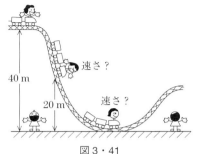

図 3・41

解答 動き出す直前のジェットコースターのもつ力学的エネルギーは，重力による位置エネルギーのみである．高さ 20 m の位置にきたとき，ジェットコースターの速さを v とすると

$$mgh = \frac{1}{2}mv^2 + mgh'$$

と表される．ここで両辺に共通な質量 m を消去すると，$gh = \frac{1}{2}v^2 + gh'$ となる．よって，$9.8 \times 40 = \frac{1}{2}v^2 + 9.8 \times 20$ となることより

$$\frac{1}{2}v^2 = 9.8 \times (40-20)$$

$$v^2 = 392$$

$$v = \sqrt{392} \fallingdotseq 20 \text{ m/s}$$

となる．また，地上に到着したときの速さを v' とすると $mgh = \frac{1}{2}mv'^2$ となることより

$$\frac{1}{2}v'^2 = 9.8 \times 40$$

$$v^2 = 784$$

$$v = \sqrt{784} = 28 \text{ m/s}$$

となる．

3-17 質量 m [kg] の物体にはたらく重力の大きさは mg [N] であり，運動方程式は $ma = -mg$ と表される．

この式の両辺に v [m/s] をかけて両辺を時間 $0 \sim t$ [s] まで積分することによって力学的エネルギー保存の法則を示しなさい．ただし，**図 3・42** に示すように，0 s における速さを v_0 [m/s]，高さを h_0 [m]，t [s] における速さを v [m/s]，高さを h [m] とする．

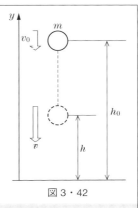

図 3・42

解答 $ma = -mg$ の両辺に v' をかけて時間 t で積分すると

$$\int_0^t mv'a dt' = \int_0^t -mgv' dt'$$

となる．ただし，$a = \dfrac{dv'}{dt'}$，$v = \dfrac{dy'}{dt'}$ であることを考慮すると，上式は

$$\int_0^t mv'\frac{dv'}{dt'} dt' = \int_0^t -mg\frac{dy'}{dt'} dt'$$

となる．ここで t についての積分を，左辺は v についての積分に，右辺は y についての積分に置き換えることができることに注意すると

$$\int_{v_0}^v mv' dv' = \int_{h_0}^h -mg dy'$$

となる．ここで積分範囲が変わっていることに注意する．これより

$$\left[\frac{1}{2}mv'^2\right]_{v_0}^v = [-mgy']_{h_0}^h$$

となる．計算し，$-$ の符号の項を移項すると

$$\frac{1}{2}mv^2 + mgh = \frac{1}{2}mv_0^2 + mgh_0$$

となる．最後の式で，右辺は時間 0 s における物体の力学的エネルギー，左辺は t [s] における物体の力学的エネルギーであり，力学的エネルギーが保存されていることを示している．

3-10 慣性力

——— 向心力 見かけの力は 遠心力

① 向心力は円運動を引き起こす力であり，遠心力は向心力と逆向きの力である．
② 加速度運動をしている観測者から物体にはたらいているように見える力を慣性力という．
③ 加速度 a で運動している観測者から見ると質量 m の物体には，$-ma$ の慣性力がはたらく．

❶ 等速円運動の加速度と力

図 $3\cdot43$ のように，質量 m 〔kg〕の物体が等速円運動をしている．円の半径を r 〔m〕，物体の速さを v 〔m/s〕，角速度を ω 〔rad/s〕とすると，等速円運動の加速度の大きさ a 〔m/s²〕は $a = r\omega^2 = \dfrac{v^2}{r}$ となる．等速円運動は円の中心方向に加速度をもっているため，運動方程式 $F = ma$ より，この物体には円運動を引

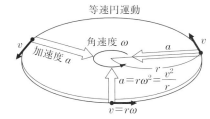

図 $3\cdot43$　等速円運動の図解

き起こす力がはたらいている．この力の向きは加速度の向きと一致し，円の中心を向いている．この等速円運動を引き起こす力を**向心力**という．

向心力 F の大きさは，運動方程式 $F = ma$ より，次式で表される．

$$F = mr\omega^2 = m\dfrac{v^2}{r}$$

❷ 遠心力

この円運動を，物体と同じように運動している観測者から見ると，物体は静止しているように見える．このとき，実際にはたらいている力は向心力のみであるが，観測者から見ると，物体には向心力と逆向きの力がはたらいているように見える．この向心力と，つり合いの関係にある見かけの力のことを**遠心力**という．

質量 m〔kg〕の物体が,半径 r〔m〕の円周を角速度 ω〔rad/s〕で回転しているとき,この物体にはたらく遠心力の大きさ F〔N〕は

$$F = mr\omega^2 = m\frac{v^2}{r}$$

となる.遠心力の向きは,円の中心から遠ざかる向きである.

❸ 円すい振り子

等速円運動の例として,円すい振り子を考える.**図3・44**のように,長さ L〔m〕の糸を天井に取り付け,片端に質量 m〔kg〕のおもりを取り付け,水平面内で等速円運動させる.糸と鉛直線のなす角を θ,天井から円運動の水平面までの高さを H〔m〕としたとき,この円運動の周期を求める.

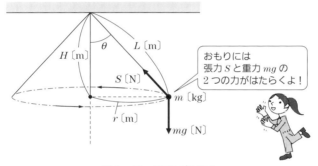

図3・44 円すい振り子

おもりにはたらく力は,重力と糸の張力である.張力の大きさを S〔N〕,重力の大きさを mg〔N〕とすると,図のようになる.

ここで,鉛直方向にはつり合いの式が成立する.したがって

$$S\cos\theta - mg = 0$$

となる.これより,張力 S〔N〕は

$$S = \frac{mg}{\cos\theta}$$

となる.また水平方向には,張力の分力 $S\sin\theta$〔N〕がはたらく.この張力の水平方向の分力 $S\sin\theta = \left(\dfrac{mg}{\cos\theta}\right)\sin\theta = mg\tan\theta$ が円運動の向心力になる.したがって,この等速円運動の半径を r〔m〕,角速度を ω〔rad/s〕とすると

$$mr\omega^2 = mg\tan\theta = mg\frac{r}{H}$$

が成立する．よって，この円すい振り子の周期 T〔s〕は次式で表される．

$$\omega = \sqrt{\frac{g}{H}} \text{〔rad/s〕 より } T = \frac{2\pi}{\omega} = 2\pi\sqrt{\frac{H}{g}} \text{〔s〕}$$

以上より，円すい振り子の高さ H〔m〕は，角速度 ω によって決まることがわかる．回転数が大きくなると H は小さくなり，このとき振り子はもち上がる．回転数が小さくなると H は大きくなり，振り子は下がる．これを利用したものに，おもりの高さを変化させて，回転運動の速度を一定にする**調速機**（**図 3・45**）がある．

振り子が運動するには，$L>H$ とならなくてはならない．したがって

$$\omega > \sqrt{\frac{g}{L}}$$

でなければならない．

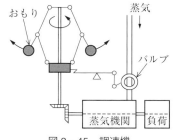

図 3・45 調速機

3-18 円すい振り子の回転数が 100 r/min から 200 r/min に増加した場合，振り子は何〔m〕上昇するか求めなさい．

【解答】

$\omega = \sqrt{\dfrac{g}{H}}$ と $\omega = \dfrac{2\pi n}{60}$ より

$$\begin{aligned}
H_1 - H_2 &= \frac{g}{\omega_1^2} - \frac{g}{\omega_2^2} \\
&= \frac{9.8}{\dfrac{4\times 3.14^2\times 100^2}{60^2}} - \frac{9.8}{\dfrac{4\times 3.14^2\times 200^2}{60^2}} \\
&= \frac{9.8\times 60^2}{4\times 3.14^2}\left(\frac{1}{100^2} - \frac{1}{200^2}\right) \\
&= 0.067 \text{ m}
\end{aligned}$$

だけ，上昇する．

❹ 慣性力

円すい振り子を別の立場でみる．運動方程式 $m\boldsymbol{a} = \boldsymbol{F}$ の左辺を右辺に移項すると

$$\boldsymbol{F} + (-m\boldsymbol{a}) = \boldsymbol{0}$$

と表される．つまり，加速度運動している物体には力 $\boldsymbol{F}$ とは別に $(-m\boldsymbol{a})$ の力がはたらき，物体にはたらく合力が $\boldsymbol{0}$ になっているとみなせる．これは力を受けて加速度運動している物体が，もとの運動状態を保ち続けようとする慣性のために，逆向きの力がはたらき，つり合いの関係を保っていると解釈できる．これを**ダランベールの原理**という．この力 $(-m\boldsymbol{a})$ を慣性力というが，これは実際にははたらいていない見かけの力である．遠心力も慣性力の一種である（図 3・46）．

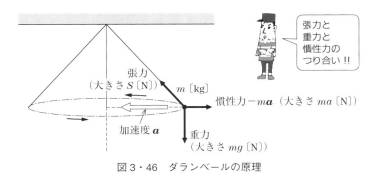

図 3・46　ダランベールの原理

走行中の電車が急ブレーキをかけると，乗客は前方に倒れそうになる．また，停止していた自動車が急発進すると，乗客は後方へ引かれるように感じる．これらは慣性力による現象である．

3-11 万有引力

2 物体 必ずはたらく 万有引力

1. ケプラーの法則は，惑星運動に関する 3 つの法則である．
2. 2 物体間には必ず万有引力が生じている．
3. 万有引力の大きさは 2 つの質量の積に比例し，距離の 2 乗に反比例する．

1 ケプラーの法則

　古代ギリシャ時代から 15 世紀までは，観察を重要視することより，地球を中心にしてこの世界が構成されている，すなわち地球のまわりを天体が運動するという**天動説**が有力であった（図 **3・47**（a））．

　その後，15 世紀に入るとコペルニクスが太陽を中心に地球も惑星も運動しているという**地動説**を発表した（図 3・47（b））．そして 17 世紀に入るとケプラーは，先人の精密な観測結果をもとにして，**ケプラーの法則**を発見した．

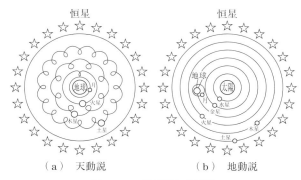

図 3・47　天動説と地動説

★用語解説★　ケプラーの法則

第 1 法則　惑星は太陽を 1 つの焦点とする楕円軌道上を運動する．
第 2 法則　太陽と惑星とを結ぶ線分が，単位時間に描く面積は，それぞれの惑星について一定である（**面積速度一定の法則**（図 **3・48**））．
第 3 法則　惑星の公転周期 T の 2 乗と，楕円軌道の半長軸 a の 3 乗の比の値はすべての惑星について同じ値である．

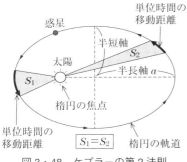

表3·1

	公転周期 T〔年〕	半長軸 a〔天文単位〕*	$\dfrac{T^2}{a^3}$
水星	0.241	0.387	1.0005
金星	0.615	0.723	1.0002
地球	1.00	1.00	1.0000
火星	1.88	1.52	1.0001
木星	11.9	5.20	0.9992
土星	29.5	9.55	0.9948
天王星	84.0	19.2	0.9946
海王星	164.8	30.1	0.9946

図3·48 ケプラーの第2法則

* 1天文単位 $\fallingdotseq 1.5 \times 10^{11}$ m
 ＝地球の公転軌道の半長軸

第3法則の関係は比例定数を k とすると次式で表される．

$$T^2 = ka^3$$

参考のため，太陽系惑星の周期などのデータを**表3·1**に示しておく．

❷ 万有引力の法則

2つの物体の間には必ず相互に引力がはたらいている．この引力を**万有引力**という．**図3·49**のように質量 m_1〔kg〕と m_2〔kg〕の物体が r〔m〕離れているとき，これらの物体にはたらく万有引力 F〔N〕は，次式で表される．

$$F = G\frac{m_1 m_2}{r^2} \text{〔N〕}$$

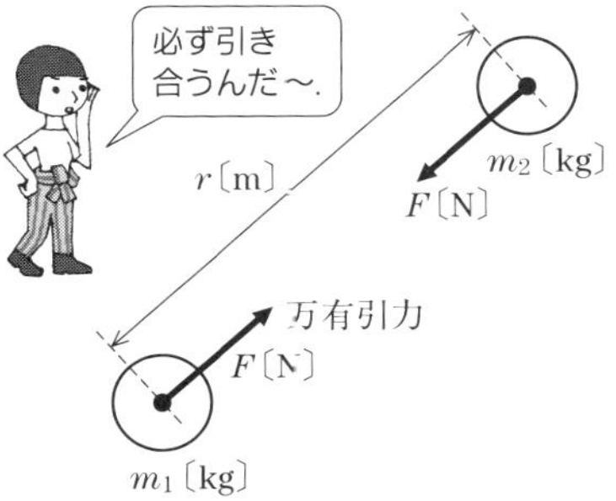

ここで G は万有引力定数であり，$G = 6.67 \times 10^{-11}$ N·m²/kg² の値をとる．作用・反作用の法則より，互いにはたらく万有引力の大きさは等しい．

図3·49 万有引力の法則

次に，惑星の運動に関するケプラーの法則を用いて，万有引力 F が $F = G\left(\dfrac{m_1 m_2}{r^2}\right)$ になることを示す．太陽のまわりを質量 m〔kg〕の惑星が等速円運動しているものとすると，速さを v〔m/s〕，周期を T〔s〕，円周の半径を r〔m〕として，向心力の大きさ F は次式で表される．

$$F = m\frac{v^2}{r} \text{〔N〕}$$

周期と速さの関係は

$$T = \frac{2\pi r}{v} \text{ (s)}$$

であるため，この式をケプラーの第3法則に代入すると

$$T^2 = \frac{4\pi^2 r^2}{v^2} = kr^3 \qquad \text{したがって，} \quad v^2 = \frac{4\pi^2 r^2}{kr^3} = \frac{4\pi^2}{kr}$$

これより，向心力 F は

$$F = m\frac{v^2}{r} = m\frac{\frac{4\pi^2}{kr}}{r} = \frac{4\pi^2 m}{kr^2}$$

と表すことができる．この式は，向心力が惑星の質量に比例し，軌道の半径の2乗に反比例していることを意味している．すなわち，万有引力は，惑星の運動においては向心力のはたらきをしている．

また，作用・反作用の法則より，中心に存在している太陽にも同様の引力がはたらいている．したがって，万有引力は惑星の質量だけでなく太陽の質量にも比例しているはずである．ここで比例定数 $\frac{4\pi^2}{k}$ を万有引力定数 G 〔N·m²/kg²〕と太陽の質量 M 〔kg〕の積である GM とおく．向心力は，次式で表される．

$$F = G\frac{mM}{r^2}$$

すなわち，これは万有引力の法則を意味している．

❸ 万有引力の大きさと重力の大きさ

地球上の物体にはたらく重力の大きさは $W = mg$ である．これと，万有引力の間にはどのような関係があるのだろうか．

地球上の物体にはたらく地球の引力は，地球各部分の万有引力の合力の和であると考えられ，この引力と自転している地球によって生じる遠心力の合力が重力となる．

遠心力は，万有引力に対して小さいので，重力の向きは地球の質量中心を通る．そして重力加速度の大きさは，（重力）＝（万有引力）より

$$mg = G\frac{Mm}{R^2} \qquad \text{したがって，} \quad g = G\frac{M}{R^2}$$

となる．ここで，R は地球の半径，M は地球の質量である．

3-19 地球上での重力加速度を 9.80 m/s^2, 地球の半径を 6.40×10^3 km, 万有引力定数を 6.67×10^{-11} N·m^2/kg^2 とすると, 地球の質量は何〔kg〕になるかを求めなさい.

解答 $g = G\dfrac{M}{R^2}$ より, $M = \dfrac{gR^2}{G}$ となることより, 次式で表される.

$$M = \frac{9.80 \times (6.40 \times 10^6)^2}{6.67 \times 10^{-11}} = \frac{9.8 \times 6.4^2 \times 10^{12}}{6.67 \times 10^{-11}} = 6.02 \times 10^{24} \text{ kg}$$

④ 万有引力の位置エネルギー

万有引力は保存力であり, 位置エネルギーが定義できる. ある点に固定された質量 M〔kg〕の物体から r〔m〕離れた質量 m〔kg〕の物体のもつ位置エネルギーは, 質量 M〔kg〕の物体から見て無限遠方を基準点にすると, 次式で表される.

$$U = \int_\infty^r G\frac{Mm}{r^2} dr = \left[-G\frac{Mm}{r}\right]_\infty^r = -G\frac{Mm}{r}$$

人工衛星は, 地球の引力により位置エネルギーをもっている. 質量 m〔kg〕の人工衛星が, 速さ v〔m/s〕で地球の中心から r〔m〕離れた場所を運動しているとすると, 人工衛星のもつ力学的エネルギー E は, 次式で表される.

$$E = K + U = \frac{1}{2}mv^2 + \left(-G\frac{Mm}{r}\right)$$

3-20 人工衛星を, 初速度 v_0〔m/s〕で真上に発射する(図3·50). 人工衛星が再び地球に戻らないための初速度 v_0 を求めなさい.

図3·50

解答 地球に戻らないためには, ある位置 r において

$$E = \frac{1}{2}mv^2 + \left(-G\frac{Mm}{r}\right) \geq 0$$

が成立すればよい. したがって, 地表面において次式が成り立つ.

$$E = \frac{1}{2}mv_0^2 + \left(-G\frac{Mm}{R}\right) \geq 0 \qquad M = \frac{gR^2}{G} \text{ より}$$

$$v_0 \geq \sqrt{2gR} = \sqrt{2 \times 9.8 \times 6.4 \times 10^6} = 11.2 \times 10^3 \text{ m/s}$$

章末問題

問題1 質量 5.0 kg の物体 A が、なめらかな床の上に置かれている．この物体 A に糸を取り付け、滑車を通して質量 2.0 kg の物体 B を図 3・51 のように接続する．物体 A は右方向に、物体 B は鉛直下向きに運動する．このときの加速度の大きさを求めなさい．

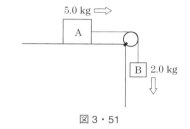

図 3・51

問題2 質量 4.0 kg の物体 A が、粗い斜面に置かれている．物体 A に糸を取り付け、滑車を通して質量 3.0 kg の物体 B を図 3・52 のように接続した．物体 A と斜面の動摩擦係数を 0.20 とするとき物体の加速度の大きさを求めなさい．

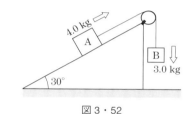

図 3・52

問題3 図 3・53 のように、質量 2.0 kg の物体 A がなめらかな斜面を 2.5 m の高さから初速度 0 ですべり下りて、質量 1.0 kg の物体 B と衝突する．物体 A と物体 B は反発係数を 0.30 として、衝突後の物体 B が上昇する高さ h を求めなさい．

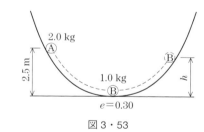

図 3・53

問題4 図 3・54 のように、72 km/h で走行していた質量 1 000 kg の自動車が、急ブレーキをかけて 40 m 進んで停止した．運動エネルギーは何〔J〕減少したか．また、停止させるとき自動車のタイヤにはたらく摩擦力は一定であるとすると、摩擦力の大きさは何〔N〕か求めなさい．

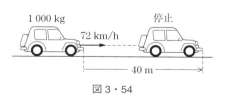

図 3・54

問題5 地表から水平方向に弾丸を発射する．速さを大きくすると、ある速度 v のとき弾丸は地表すれすれを回ることになる．このときの速さを求めなさい．ただし地球の半径を 6.4×10^3 km とする．

第4章

機械の運動学2
——剛体の力学

　これまでは物体を質点とみなしてきたが，実際の物体には形があり，その回転なども考慮しなければならない．
　剛体とは外力が加わっても変形が無視できる物体である．本章では，剛体の力学を学ぶことで，より具体的な機械の運動を理解できるようにする．

4-1 剛体の運動

―― 剛体は 質量と回転 忘れずに

① 剛体とは外力が加わっても変形が無視できるものである．
② 剛体の運動には並進運動と回転運動がある．
③ 剛体の空間運動は重心を通る3軸のまわりの運動として扱うことができる．

① 剛 体

剛体とは，外力が加わっても変形しないものである（**図4・1**）．実際にはどんな物体でも力が加われば多少の変形をするが，その変形が小さいときには，これを剛体として考えることができる．このとき，力を受けた剛体内の任意の2点間の距離は不変である．

図4・1 剛 体

② 剛体の平面運動

剛体のある平面に外力がはたらくと，内部の点はその平面に平行な**平面運動**を始める．剛体の平面運動には，剛体内のすべての点が同じ速度と加速度で平行に移動する**並進運動**（図4・2(a)）と，剛体内の1点を中心として回転する**回転運動**（図4・2(b)）とがある．

一見，複雑にみえる機械の平面運動も，この並進運動と回転運動の組合せとして考えることができる．

これまでに扱ってきた**質点**とは，物体内の1点に，質量があるとみなすものであった．これに対して剛体は，物体内に，ある大きさをもった質量があるとする．

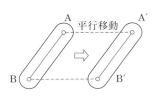
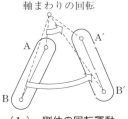

（a）　剛体の並進運動　　　　（b）　剛体の回転運動

図 4・2　剛体の平面運動

重要なことは，質点は点なので回転を考えなくてよいが，剛体は回転を考える必要があることである．そのため，回転に関する運動方程式を扱うことになる．

❸ 剛体の空間運動

剛体の**空間運動**は，重心など剛体上の 1 点に全質量が集中した「質点としての運動」と，重心を通る「3 軸まわりの回転運動」として扱うことができる．

空間中にある物体の姿勢は，**図 4・3** のように 3 つの独立した回転角で表すことができる．これは空間内に固定した静止座標系に対して，どの方向を向いているかで表す．また，それぞれが 3 軸に対して表す回転状態も考える必要がある．

そのため，物体の姿勢は合計 9 つの成分で表されることになる．これはロボットの機構などを表すときにも用いられる（**図 4・4**）．

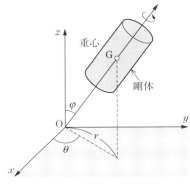
図 4・3　剛体の空間運動

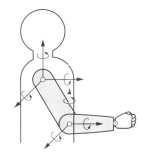
図 4・4　ロボットの運動機構

4-2 慣性モーメント

半径が小さな回転 よく回る

❶ 慣性モーメントは，物体の回転軸まわりの慣性を表している．
❷ 慣性モーメントは，平行軸の定理と直交軸の定理を用いて導くことができる．

1 固定軸まわりの回転運動

図 4·5 のように，剛体が重心を含んだ固定軸 O まわりの回転運動を考える．このとき，剛体内部の各点は軸 O に垂直な平面内で円運動をする．

剛体が一定の大きさの角加速度 α 〔rad/s²〕で回転するとき，半径 r_i 〔m〕の位置にある質量 m_i 〔kg〕の微小部分は加速度 $r_i\alpha$ をもち，これにはたらく円周力の大きさを F_i 〔N〕とすれば，次のような運動方程式が成り立つ．

$$m_i r_i \alpha = F_i \text{〔N〕}$$

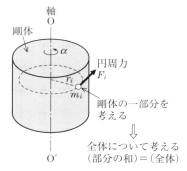

図 4·5 固定軸まわりの回転運動

上式に半径 r_i をかけることで，この力 F_i による軸まわりのモーメントを求めることができる．

$$m_i r_i^2 \alpha = F_i r_i \text{〔N·m〕}$$

上式を剛体全体で考えると，次式で表される．

$$\left(\sum_i m_i r_i^2\right) \alpha = \sum_i F_i r_i$$

ここで右辺 $\sum_i F_i r_i$ は軸まわりのモーメントの総和であるから，外部から剛体にはたらくトルク T に等しくなる．

また，左辺の $\sum_i m_i r_i^2$ を積分の形で表すと次式で表される．

$$I = \int r^2 dm$$

I は**慣性モーメント**といい，物体の回転軸まわりの慣性を表している．これを用いると，回転運動の運動方程式は次式で表される．

$$I\alpha = T \ \text{〔N·m〕}$$

慣性モーメントは，直感的にわかりにくい量であるが，上式は $m\boldsymbol{a} = \boldsymbol{F}$ と同じ形をしているように，直線運動における質量に相当する．

❷ 慣性モーメント

先に述べたように，慣性モーメントは次式のような形で表される．

$$I = \sum_i m_i r_i^2 \quad \text{もしくは} \quad I = \int r^2 dm$$

ここで，剛体の全質量を M とすると，慣性モーメントは次式のような形で表すことができる．

$$I = Mk^2 \quad \text{または} \quad k = \sqrt{\frac{I}{M}}$$

ここで，k は固定軸のまわりの慣性モーメントを一定にしたまま，全質量が1点に集中したと考えたときの，軸からこの点までの距離であり，軸まわりの**回転半径**を表している．ここで慣性モーメントの単位は kg·m^2，回転半径の単位 m である．

工学では質量 m の代わりに面積 A を用いた慣性モーメントがよく用いられる．ここで dA は軸から距離 r の場所にある面積要素である．

$$I = \int r^2 dA$$

これは上と同様にして，$I = Ak^2$ または $k = \sqrt{\frac{I}{A}}$ として表すことができる．この I を**断面二次モーメント**（単位は m^4），k を**断面半径**という．

❸ 平行軸の定理

図 **4·6** において，重心 G を通る軸まわりの慣性モーメント I_G がわかっているとき，その軸に平行で距離 d の位置にある質量 M の物体の慣性モーメント I は次式で表される．これを**平行軸の定理**という．

$$I = I_\text{G} + Md^2$$

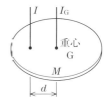

図 4·6 平行軸の定理

❹ 直交軸の定理

図 4・7 のような平面内で互いに直角な x 軸, y 軸のまわりの慣性モーメント I_x と I_y がわかっているとき, これに直交する z 軸のまわりの薄板の慣性モーメント I_z は次式で表される. このように面に垂直な慣性モーメントを**極慣性モーメント**という. これを**直交軸の定理**という.

$$I_z = I_x + I_y$$

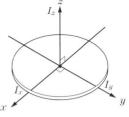

図 4・7 直交軸の定理

以上の 2 つの定理を用いて, 物体の慣性モーメントを計算することができる.

4-1 図 4・8 のような長さ 2.0 m, 質量 5.0 kg の細長い棒の y 軸および y' 軸の慣性モーメント I_y, $I_{y'}$ と回転半径 k_y, $k_{y'}$ を求めなさい.

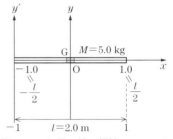

図 4・8 細長い棒の慣性モーメント

解答 長さ l, 質量 M の細長い棒を考える. 棒の単位長さあたりの質量は, $\frac{M}{l}$ より $dm = \left(\frac{M}{l}\right)dx$ となるので, 中央にある重心 G を通る y 軸まわりのモーメントは次の積分で求められる.

$$I_y = \int_{-\frac{l}{2}}^{\frac{l}{2}} \frac{M}{l} x^2 dx = \frac{2M}{l} \int_0^{\frac{l}{2}} x^2 dx = \frac{1}{12}Ml^2$$

これより, 回転半径 k_y は次式で表される.

$$k_y = \sqrt{\frac{I_y}{M}} = \sqrt{\frac{Ml^2}{12} \cdot \frac{1}{M}} = \sqrt{\frac{l^2}{12}} = \frac{l}{2\sqrt{3}}$$

したがって, $l = 2.0$ m, $M = 5.0$ kg を代入して, 次のように求まる.

$$I_y = \frac{1}{12}Ml^2 = \frac{1}{12} \times 5.0 \times 2.0^2 = 1.7 \text{ kg·m}^2$$

$$k_y = \frac{l}{2\sqrt{3}} = \frac{2.0}{2\sqrt{3}} = \frac{\sqrt{3}}{3} = 0.58 \text{ m}$$

平行軸の定理を用いると，y' 軸まわりの慣性モーメントは次式で表される．

$$I_{y'} = I_y + M\left(\frac{l}{2}\right)^2 = \frac{1}{12}Ml^2 + \frac{1}{4}Ml^2 = \frac{1}{3}Ml^2$$

これより，回転半径 $k_{y'}$ は次式で表される．

$$k_{y'} = \sqrt{\frac{I_{y'}}{M}} = \sqrt{\frac{Ml^2}{3}\cdot\frac{1}{M}} = \frac{l}{\sqrt{3}}$$

したがって

$$I_{y'} = \frac{1}{3}Ml^2 = \frac{1}{3}\times 5.0 \times 2.0^2 = 6.7 \text{ kg}\cdot\text{m}^2$$

$$k_{y'} = \frac{l}{\sqrt{3}} = \frac{2.0}{\sqrt{3}} = \frac{2\sqrt{3}}{3} = 1.2 \text{ m}$$

となる．

4-2 図 4·9 のような半径 1.0 m，質量 4.0 kg の薄い円板の中心軸まわりの慣性モーメント I_x, I_y, I_z と回転半径 k_x, k_y, k_z を求めなさい．

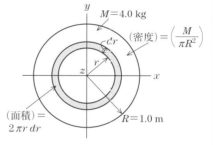

図 4·9　円板の慣性モーメント

解答　半径 R，質量 M の薄い円板を考える．図のように半径 r，幅 dr の小さな輪の面積を考えると，この部分の質量は $\left(\dfrac{M}{\pi R^2}\right) 2\pi r\, dr$ であるから，円板の中心を通り，これに垂直な z 軸まわりの極慣性モーメントは次式で表される．

$$I_z = \int_0^R r^2 \frac{M}{\pi R^2} 2\pi r\, dr = \frac{2M}{R^2}\int_0^R r^3\, dr = \frac{1}{2}MR^2$$

これより，回転半径 k_z は次式で表される．

$$k_z = \sqrt{\frac{I_z}{M}} = \frac{R}{\sqrt{2}}$$

したがって，$R = 1.0$ m，$M = 4.0$ kg を代入して

$$I_z = \frac{1}{2}MR^2 = \frac{1}{2} \times 4.0 \times 1.0^2 = 2.0 \text{ kg·m}^2$$

$$k_z = \frac{R}{\sqrt{2}} = \frac{1.0}{\sqrt{2}} = \frac{\sqrt{2}}{2} = 0.71 \text{ m}$$

となる.

　直交軸の定理を用いて，互いに直交する x 軸と y 軸まわりの慣性モーメントを求めると次式で表される.

$$I_z = I_x + I_y = \frac{1}{2}MR^2$$

したがって

$$I_x + I_y = \frac{1}{2}I_z = \frac{1}{4}MR^2$$

回転半径 k_x, k_y は次式で表される.

$$k_x = k_y = \sqrt{\frac{I_x}{M}} = \frac{R}{2}$$

これより

$$I_x = I_y = \frac{1}{4}MR^2 = \frac{1}{4} \times 4.0 \times 1.0^2 = 1.0 \text{ kg·m}^2$$

$$k_x = k_y = \frac{R}{2} = \frac{1.0}{2} = 0.50 \text{ m}$$

となる.

❺ 基本形状をもつ剛体の慣性モーメント

いろいろな形状の剛体の慣性モーメントを図 **4·10** ～ 図 **4·19** に示す.

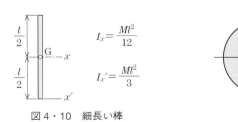

図 4・10　細長い棒　　　　　　　　図 4・11　円　板

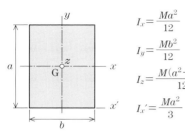

図 4・12 長方形板

$I_x = \dfrac{Ma^2}{12}$

$I_y = \dfrac{Mb^2}{12}$

$I_z = \dfrac{M(a^2+b^2)}{12}$

$I_{x'} = \dfrac{Ma^2}{3}$

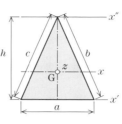

図 4・13 三角形板

$I_x = \dfrac{Mh^2}{18}$

$I_{x'} = \dfrac{Mh^2}{6}$

$I_{x''} = \dfrac{Mh^2}{2}$

$I_z = \dfrac{M(a^2+b^2+c^2)}{36}$

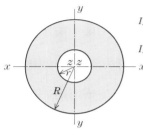

図 4・14 環形板

$I_x = I_y = M\dfrac{R^2+r^2}{4}$

$I_z = M\dfrac{R^2+r^2}{2}$

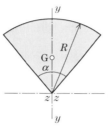

図 4・15 扇形板

$I_x = M\dfrac{R^2}{4}\left(1+\dfrac{\sin\alpha}{\alpha}\right)$

$I_y = M\dfrac{R^2}{4}\left(1-\dfrac{\sin\alpha}{\alpha}\right)$

$I_z = M\dfrac{R^2}{2}$

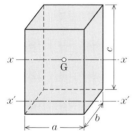

図 4・16 直方体

$I_x = M\dfrac{b^2+c^2}{12}$

$I_{x'} = M\left(\dfrac{b^2}{12}+\dfrac{c^2}{3}\right)$

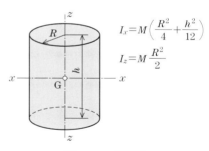

図 4・17 直円柱

$I_x = M\left(\dfrac{R^2}{4}+\dfrac{h^2}{12}\right)$

$I_z = M\dfrac{R^2}{2}$

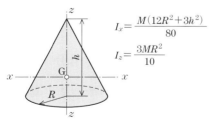

図 4・18 直円錐

$I_x = \dfrac{M(12R^2+3h^2)}{80}$

$I_z = \dfrac{3MR^2}{10}$

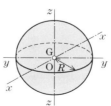
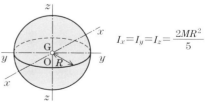

図 4・19 球

$I_x = I_y = I_z = \dfrac{2MR^2}{5}$

4-3 角運動量

······ 回転の 半径で差が出る 角運動量

Point
1. 角運動量は，回転運動における，運動を特徴づける量である．
2. 角運動量は，直線運動における，運動量に対応するものである．

1 ベクトルの外積

ベクトルの外積を次のように定義する．

$$C = A \times B$$
$$|C| = |A \times B| = |A||B|\sin\theta$$

図 4·20 において，θ はベクトル A，B のなす角であり，C はベクトル A とベクトル B の両方と直交関係にあるベクトルである．

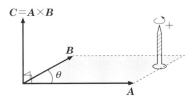

図 4·20　ベクトルの外積

C の向きは，2 方向考えられるが，$A \times B$ という場合は，A と B のつくる平面に垂直で，A から B に向かって右ねじを回したときにねじの進む向きを表す（$B \times A$ のときは逆方向になる）．

2 剛体の角運動量

質点の運動においては，運動量という物理量を考えた．剛体の運動を考える場合には**角運動量**という物理量が重要となる．

角運動量は次のように定義される．

$$l = r \times p$$

ここで，r は位置ベクトル，p は運動量ベクトルである．

次に，図 4·21 のような剛体の重心を含んだ固定軸まわりの回転運動において剛体の角運動量を考える．剛体内部の各点は，軸に垂直な平面内で，角速度 ω 〔rad/s〕の円運動をする．円運動の速度の向きは円周方向である．このとき，剛体の一部分，r_i の位置における角運動量 l_i は

$$l_i = r_i \times p_i$$

となる．

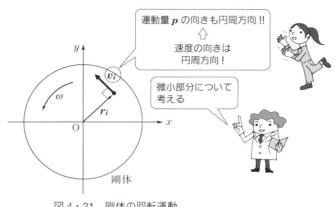

図4・21 剛体の回転運動

ここで運動量の大きさは $p_i = m_i v_i$，速さは $v_i = r_i \omega$ と表されることより，角運動量 l_i の大きさは

$$l_i = |\bm{r}_i| \times |\bm{p}_i| \sin\theta = r_i m_i r_i \omega \sin 90° = m_i r_i^2 \omega$$

となる．各部分 i についてこの総和をとると

$$\sum_i l_i = \sum_i m_i r_i^2 \omega$$

となる．ここで，慣性モーメント I は $I = \sum_i m_i r_i^2$ であり，各部分の角運動量の大きさの和を $\sum_i l_i = L$ とすると

$$L = I\omega \quad [\mathrm{kg \cdot m^2/s}]$$

となる．角運動量の向きは $r_i \times p_i$ の向き，すなわち紙面の裏から表に向かう向きである．

回転運動の運動方程式は

$$I\alpha = T$$

であったが，これを角運動量の大きさ L を用いて表現すると，$\alpha = \dfrac{d\omega}{dt}$ より

$$\frac{dL}{dt} = T$$

で表される．ただしトルク $\bm{T}$ も外積で表され，$\bm{T} = \bm{r} \times \bm{F}$ である．

4-4 剛体の平面運動

━━━━━━━━━ 回転を 考え立てる 剛体方程式

Point
① 剛体の運動方程式は直線運動の運動方程式と類推して考えることができる．
② 剛体の運動方程式を立てて解く．

❶ 剛体の運動方程式

剛体の平面運動における回転運動の運動方程式はトルク T，慣性モーメント I と角加速度 α を用いて次式で表すことができた．

$$I\alpha = T \ [\text{N·m}]$$

これは，回転を考えない直線運動の運動方程式と似た形をしている．

$$ma = F \ [\text{N}]$$

すなわち，慣性モーメント I は質量 m，角加速度 α は加速度 a，トルク T は力 F と類推して考えることができる．

4-3 図 4·22 のような質量 0.50 kg，半径 0.10 m の円板に糸を巻き，一端を固定してから円板を放すと円板は回転しながら落下する．この運動における重心の加速度の大きさ $a \ [\text{m/s}^2]$ と糸の張力の大きさ $S \ [\text{N}]$ を求めなさい．

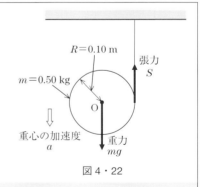

図 4·22

解答 質量 m，半径 R の円板を考える．この円板にはたらく力は，糸の張力 S と重力 mg である．ここで加速度を a とすると，次のような運動方程式を立てることができる．

$$ma = mg + (-S) \ [\text{N}]$$

次に，重心のまわりの回転運動の方程式を立てると次式で表される．

$I\alpha = T$ より $I\alpha = SR$ 〔N・m〕

円板の慣性モーメントは $I = \dfrac{1}{2}mR^2$ で表される．また，加速度 a と角加速度 α の間には半径を R とすると $a = R\alpha$ の関係があるから，これらの式から S を消去して，円板の角加速度 α を求めると，次式で表される．

円板の角加速度：$\alpha = \dfrac{2g}{3R}$ 〔rad/s²〕

重心の加速度　：$a = \dfrac{2g}{3}$ 〔m/s²〕

したがって，糸の張力 S は次のように表される．

$$S = I\dfrac{\alpha}{R} = \dfrac{1}{2}mR^2\dfrac{2g}{3R^2} = \dfrac{1}{3}mg \text{〔N〕}$$

以上より，$m = 0.50$ kg，$R = 0.10$ m を代入して，次のように求まる．

$$a = \dfrac{2g}{3R} = \dfrac{2 \times 9.8}{3} = 6.5 \text{ m/s}^2$$

$$S = \dfrac{1}{3}mg = \dfrac{1}{3} \times 0.50 \times 9.8 = 1.6 \text{ N}$$

4-4 図 **4・23** のような質量 1.0 kg，半径 0.10 m の円柱が，傾斜角 30° の斜面をすべることなく転がっている．

この運動における重心の加速度の大きさ a 〔m/s²〕と円柱にはたらく摩擦力の大きさ F 〔N〕を求めなさい．

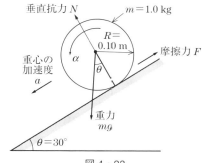

図 4・23

解答　質量 m，半径 R の円柱が，傾斜角 θ の斜面を転がることを考える．円柱にはたらく力は，斜面の垂直抗力 N と重力 mg，そして斜面の摩擦力 F である．ここで加速度を a とすると，次のような運動方程式を立てることができる．

$$ma = mg\sin\theta + (-F) \text{〔N〕}$$

次に，重心のまわりの回転運動の方程式を立てる．

$$I\alpha = T \quad \text{より} \quad I\alpha = FR$$

円柱の慣性モーメントは $I = \dfrac{1}{2}mR^2$ で表される．また，加速度 a と角加速度 α の間には半径を R とすると $a = R\alpha$ の関係があるため，これらの式から F を消去して，円柱の角加速度 α を求めると，次式で表される．

円板の角加速度：$\alpha = \dfrac{2g}{3R}\sin\theta \ [\text{rad/s}^2]$

重心の加速度　：$a = \dfrac{2g}{3}\sin\theta \ [\text{m/s}^2]$

したがって，摩擦力 F は次のように表すことができる．

$$F = I\dfrac{\alpha}{R} = \dfrac{1}{2}mR^2 \dfrac{2g}{3R^2}\sin\theta = \dfrac{1}{3}mg\sin\theta \ [\text{N}]$$

$m = 1.0$ kg, $R = 0.10$ m, $\theta = 30°$ を代入して，次のように求まる．

$$a = \dfrac{2g}{3}\sin\theta = \dfrac{2 \times 9.8}{3} \times \sin 30° = \dfrac{19.6}{3} \times \dfrac{1}{2} = 3.3 \ \text{m/s}^2$$

$$S = \dfrac{1}{3}mg\sin\theta = \dfrac{1}{3} \times 1.0 \times 9.8 \times \dfrac{1}{2} = 1.6 \ \text{N}$$

❷ 剛体の運動エネルギー

ある固定軸のまわりに角速度 ω [rad/s] で回転する剛体の運動エネルギーを求めるためには，軸から距離 r_i [m] にある質量 m_i [kg] の微小部分の集まりを考える．回転運動の速さは $v_i = r_i\omega$ [m/s] で表されるため，合計の運動エネルギー E_v は次のように求められる．

$$E_v = \sum_i \dfrac{1}{2}m_i v_i^2 = \sum_i \dfrac{1}{2}m_i(r_i\omega)^2 = \dfrac{1}{2}\left(\sum_i m_i r_i^2\right)\omega^2 = \dfrac{1}{2}I\omega^2 \ [\text{J}]$$

ここで，$I = \sum_i m_i r_i^2$ の関係を用いた．

❸ ジャイロスコープ

こまのように，軸のまわりに対称な質量分布をもっている剛体は，対称軸で回転させたとき，対称軸の方向を変化させながら運動する．この運動のことを**歳差運動**（もしくは**みそすり運動**）という．

なぜこまは，倒れないのだろうか．

こまの軸が図 4・24 のように z 軸から一定の角度 θ 傾いた状態で歳差運動しているものとする．こまの質量を m〔kg〕，支点（これを原点 O とする）から重心までの距離を l_G〔m〕とする．点 O のまわりのトルクの大きさ T は

$$T = mgl_G \sin\theta$$

となる．ここで，角運動量 $\boldsymbol{L}$ は図に示すようになる．角運動量 $\boldsymbol{L}$ の向きは，こまの回転軸に一致している．歳差運動の角速度を Ω〔rad/s〕とすると，微小時間 dt だけ変化したときの角運動量ベクトルの変化量 $d\boldsymbol{L}$ は

$$d\boldsymbol{L} = L \sin\theta \cdot \Omega\, dt$$

となる．ベクトル $d\boldsymbol{L}$ は，$\boldsymbol{L}$ の先端を含む歳差運動の平面内にある．剛体の運動方程式 $\dfrac{d\boldsymbol{L}}{dt} = \boldsymbol{T}$ より，$dL = Tdt$ となるので

$$L \sin\theta \cdot \Omega\, dt = Mgl_G \sin\theta\, dt$$

となる．したがって

$$\Omega = \frac{Mgl_G}{L} \text{〔rad/s〕}$$

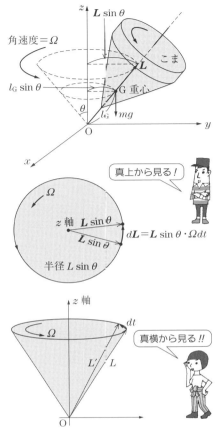

図 4・24 こまの角運動量ベクトルの変化

となる．この式より，剛体の角運動量の大きさによって，歳差運動の角速度 Ω が決まることがわかる．すなわち，こまの自転速度が大きいほど角運動量は大きくなるので角速度 Ω は小さくなり，こまはゆっくり歳差運動することになる．

さて，回転する物体に力を加えると，物体はその力の方向には倒れず，力とは直角な方向に倒れていくという性質がある．これを**ジャイロ効果**という．

ジャイロスコープは，回転するこまの軸が常に同じ方向を指す性質を利用したセンサの一種で，回転軸にはたらく力を測ることで物体の動きを検知できる．前後，左右，上下と 3 方向に対応する軸があれば，基準点からの相対位置が計算できる．航空機の位置や方向の検出や，ロボットの姿勢制御にも応用されている．

章末問題

問題 1 図 **4·25** のような長さ 1.0 m，質量 3.0 kg の棒の中心を通り，棒に垂直な軸に対する慣性モーメントを求めなさい．

問題 2 問題 1 において，中心から 20 cm ずれた位置を通り，棒に垂直な軸に対する慣性モーメントを求めなさい．

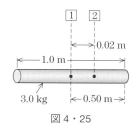

図 4·25

問題 3 図 **4·26** のような質量 M，半径 r の一様な球の中心を通る軸の慣性モーメントが，$\dfrac{2}{5}Mr^2$ で与えられることを示しなさい．

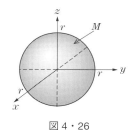

図 4·26

問題 4 図 **4·27** のような半径 0.10 m，質量 300 g の一様な円板が，中心を通る軸のまわりに毎秒 30 回転しているとき，この軸に対する角運動量の大きさはいくらか．

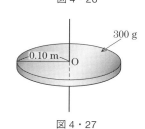

図 4·27

問題 5 問題 4 において，この円板の回転による運動エネルギーは何〔J〕か．

問題 6 質量 0.50 kg, 長さ 0.30 m の一様な棒がある．この一端を固定し，他端を鉛直方向から図 **4·28** のように 30° 傾けて離す．

棒が鉛直になったときの棒の先端の速さ v〔m/s〕を求めなさい．

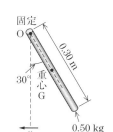

図 4·28

問題 7 半径と質量がまったく同じ 2 つの球がある．ただし，一方の中身は中空であり，球殻に質量が分布している．

もう一方は均一に質量が分布している．

2 つを区別するにはどのようにすればよいか．

> **COLUMN　機械力学の歴史**
>
> 　細長い軸を高速で回転させると，金属製の軸には弾性があるため，たわんだまま回転する．このとき回転速度を上げていくと，振れ回りの振幅にしだいに大きくなり，ある速度に達すると危なくてこれ以上回転を続けられなくなる．これを危険速度といい，この振動現象の数理解析についての研究が進められてきた．
>
> 　イギリスを中心として蒸気機関が工場の動力源として導入されはじめたころから問題となってきたこの振動現象が，機械力学の誕生につながったのである．その後，より高速で回転する蒸気タービンや大型船のプロペラ軸の振動などを研究対象として扱うようになり，機械力学の研究はより発展することになる．
>
> 　実際のところ，これらの複雑な振動現象を表した運動方程式に，時間の変化に対して，変位や速度などが単純には比例しない非線形の形になることが多いため，理論的に解を導くことが難しい．そのため，さまざまな近似計算の方法が考案されるようになり，現在ではこれらの近似計算は高速に演算ができるコンピュータを用いて行われている．

COLUMN　三角関数 Part 2

P.30 で触れたが，三角関数については，次の関係も常に成立する．

(1) 2 倍角の公式

$$\sin 2\theta = 2 \sin \theta \cos \theta$$
$$\cos 2\theta = \cos^2 \theta - \sin^2 \theta = 1 - 2 \sin^2 \theta = 2 \cos^2 \theta - 1$$

加法定理 $\sin(\alpha \pm \beta) = \sin \alpha \cos \beta \pm \cos \alpha \sin \beta$ より，$\alpha = \beta = \theta$ の場合，

$$\begin{aligned}\sin(\theta+\theta) &= \sin 2\theta \\ &= \sin \theta \cos \theta + \cos \theta \sin \theta \\ &= 2 \sin \theta \cos \theta\end{aligned}$$

加法定理 $\cos(\alpha \pm \beta) = \cos \alpha \cos \beta \mp \sin \alpha \sin \beta$ より，$\alpha = \beta = \theta$ の場合，

$$\begin{aligned}\cos 2\theta &= \cos(\theta+\theta) \\ &= \cos \theta \cos \theta - \sin \theta \sin \theta \\ &= \cos^2 \theta - \sin^2 \theta \\ &= \cos^2 \theta - (1 - \cos^2 \theta) = 2 \cos^2 \theta - 1 \\ &= (1 - \sin^2 \theta) - \sin^2 \theta = 1 - 2 \sin^2 \theta\end{aligned}$$

(2) 余弦定理

図 4・29 のような場合，次の関係が成立する．

$$a^2 = b^2 + c^2 - 2bc \cos \theta$$

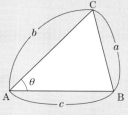

図 4・29　余弦定理

(3) 三角関数の合成

三角関数の合成は，次の関係が成立する．

$$A \sin \theta + B \cos \theta = \sqrt{A^2 + B^2} \sin(\theta + \varphi)$$

$$\text{ただし，} \tan \varphi = \frac{B}{A} \quad \left(\varphi = \tan^{-1} \frac{B}{A}\right)$$

$$\cos \varphi = \frac{A}{\sqrt{A^2 + B^2}}$$

$$\sin \varphi = \frac{B}{\sqrt{A^2 + B^2}}$$

第 5 章

機械の振動学

　機械が動くと，必ず，そこには振動が発生する．振動が発生すると機械の寿命や効率が低下し，場合によっては機械が壊れてしまう．

　振動を完全になくすことは難しいが，複雑な振動でも，いくつかの基本的な振動の組合せとして，物理的に考えることができる．

　本章では，単振動から1自由度系の各種振動までを扱い，振動を防ぎ，衝撃を緩和することができるようにする．

5-1 単振動

等速円運動 横から見れば 単振動

1. 単振動とは，等速円運動をしている点の正射影の運動のことである．
2. 単振動の変位，速度，加速度は数式で表すことができる．
3. 単振動をしている物体には力がはたらいている．

機械が動くと，そこには振動が発生する．この運動には複雑なものもあるが，単振動について学ぶことが，その理解のための出発点になる．

1 単振動

図 **5·1** において，点 P は半径 r〔m〕の円周上を速さ v_0〔m/s〕で等速円運動をしている．このとき，点 P の運動を x 軸上に投影した**正射影** P′ の運動を**単振動**という．正射影を表す点 P′ は点 P が円周上を 1 周する間に，点 O を中心とする距離 $2r$ の区間を 1 往復する．

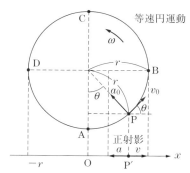

図 5·1　等速円運動と単振動

2 単振動の変位

点 P が点 A から動き出して，反時計回りに等速円運動を始めると，その正射影である点 P′ は点 O から右向きに動き出す．出発してから時間 t〔s〕経過したとき，点 P の回転角 θ は角速度を ω〔rad/s〕とすれば，$\theta = \omega t$ であるから，点 P′

の点 O からの変位 x は次式で表される．

$$x = r \sin \theta = r \sin \omega t \ [\mathrm{m}]$$

ここで，変位 x 〔m〕の最大値 r 〔m〕を**振幅**，また $\theta\ (= \omega t)$ 〔rad〕を単振動では**位相**という．

❸ 単振動の速度

点 P' での速度 v 〔m/s〕は，点 P の速度 $v_0 = r\omega$ 〔m/s〕の x 成分に等しいので次式が成り立つ．

$$v = v_0 \cos \theta = r\omega \cos \omega t \ [\mathrm{m/s}]$$

速度は変位の微分により求められるため，上式は微分を用いて次式のように表すこともできる．このとき，$\dfrac{d\theta}{dt} = \omega$ 〔rad/s〕である．

$$\begin{aligned} v &= \frac{dx}{dt} = \frac{dx}{d\theta} \cdot \frac{d\theta}{dt} = \frac{dx}{d\theta} \cdot \omega \\ &= r\omega \cos \omega t \ [\mathrm{m/s}] \end{aligned}$$

❹ 単振動の加速度

点 P' での加速度 a 〔m/s^2〕は，点 P の加速度 $a_0 = r\omega^2$ 〔m/s^2〕の x 成分に等しいので，次式が成り立つ．このとき，加速度は変位と逆向きである．

$$a = -a_0 \sin \theta = -r\omega^2 \sin \omega t = -\omega^2 x \ [\mathrm{m/s^2}]$$

加速度は速度の微分により求められるため，上式は微分を用いて次式のように表すこともできる．このとき，$\dfrac{d\theta}{dt} = \omega$ 〔rad/s〕である．

$$\begin{aligned} a &= \frac{dv}{dt} = \frac{dv}{d\theta} \cdot \frac{d\theta}{dt} = \frac{dv}{d\theta} \cdot \omega \\ &= -r\omega^2 \sin \omega t \ [\mathrm{m/s^2}] \end{aligned}$$

$x = r \sin \omega t$ より，a は次式のように表すことができる．

$$a = -\omega^2 x \ [\mathrm{m/s^2}]$$

単振動が 1 往復する時間 T 〔s〕を**周期**という．また，1 秒間の往復回数 f 〔Hz〕を**振動数**といい，これは周期の逆数で表される．

$$T = \frac{2\pi}{\omega} = \frac{1}{f} \ [\mathrm{s}] \quad \text{または} \quad \omega = \frac{2\pi}{T} = 2\pi f \ [\mathrm{rad/s}]$$

❺ 単振動のグラフ

単振動の変位 x,速度 v,加速度 a の時間変化をグラフに表すと図 5・2 〜 図 5・4 のようになる.

これらのグラフから読み取れるポイントは次のとおりである.

> 振動の中心では,変位が **0**,速度が最大,加速度が **0** となる.
> 振動の両端では,変位が最大,速度が **0**,加速度が最大となる.

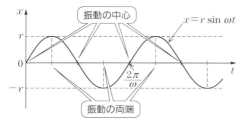

図 5・2 単振動の変位曲線

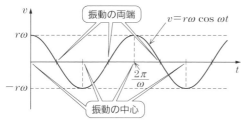

図 5・3 単振動の速度曲線

変位,速度,加速度の各曲線で,振動の両端と中心がずれていることに注意しよう.

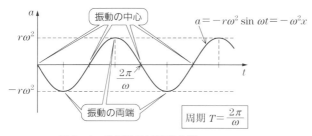

図 5・4 単振動の加速度曲線

6 単振動をする物体にはたらく力

物体が単振動をしているときには，振動の中心に向かい，中心からの変位に比例した加速度が生じている．そのため，運動の法則より，この物体には力がはたらいていることがわかる．そして，その力の大きさは，運動方程式によって求めることができる．

単振動の加速度を表す式 $a = -\omega^2 x$ を運動方程式 $F = ma$ に代入すると，単振動の運動方程式を導くことができる．

$$F = ma = -m\omega^2 x \; [\text{N}]$$

ここで，質量 m 〔kg〕と角速度 ω 〔rad/s〕は定数であるので，$m\omega^2 = k$（定数）とすると，次式のように簡略化できる．

$$F = -kx \; [\text{N}]$$

この式からわかることは，「中心からの変位 x に比例して，常に中心に向かう力 F がはたらくような物体は，単振動をする」ということである．

このような力を**復元力**という．

7 単振動の周期

単振動の周期 T〔s〕は，等速円運動の式と一致する．等速円運動の周期は $T = \dfrac{2\pi}{\omega}$ であるので，単振動の運動方程式 $F = -m\omega^2 x$ から角速度 ω〔rad/s〕を求めて代入すると，単振動の周期は次式で表される．

$$\omega = \sqrt{\dfrac{k}{m}} \quad \text{より} \quad T = \dfrac{2\pi}{\omega} = 2\pi\sqrt{\dfrac{m}{k}} \; [\text{s}]$$

5-1 振動の中心から x〔m〕変位しているとき，質量 1.0 kg の物体にはたらく力 F〔N〕が

$$F = -36x$$

で与えられる．この単振動の周期を求めよ．

解答 $F = -kx$ と比較して $k = 36$ N/m である．よって

$$T = 2\pi\sqrt{\dfrac{m}{k}} = 2\pi\sqrt{\dfrac{1.0}{36}} = \dfrac{2\pi}{6.0} = 1.0 \text{ s}$$

5-2 振り子の振動

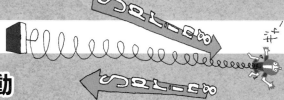

―― 簡単ヤ 振り子の基本は ばねの振動

① ばね振り子の周期は，ばね定数と質量によって定まる．
② 単振り子の周期は，重力加速度と振り子の長さによって定まる．

1 ばね振り子

ばねにおもりをつるして，少し引っ張ってから放すと，おもりは振動を始める．これを**ばね振り子**といい，ばね振り子の運動方程式は次のように表すことができる．

図 **5・5** のまん中のように，ばね定数が k 〔N/m〕のばねに質量 m 〔kg〕のおもりをつるしたら，ばねが x_0 〔m〕だけ伸びてつり合ったとする．

このとき，おもりにはたらく力は重力加速度の大きさを g 〔m/s^2〕，下向きを正とすると，次式で表される．

$$F = mg - kx_0 \text{〔N〕}$$

つり合いの状態にあるときは $F=0$ であるため，k は次式で表すことができる．

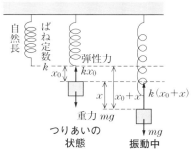

図5・5 ばね振り子の単振動

$$k = \frac{mg}{x_0} \text{〔N/m〕}$$

次に，このつり合いの位置から，右のように x 〔m〕だけおもりを下げてから手を放した瞬間に，おもりにはたらいている力は次式で表すことができる．

$$F = mg - k(x_0 + x) \text{〔N〕}$$

上式に $mg = kx_0$ を代入すると，$F = -kx$ となる．

このような復元力を受けるため，おもりは単振動をすることになる．

すなわち，ばね振り子の周期は次式で表される．

$$T = 2\pi\sqrt{\frac{m}{k}} \text{〔s〕}$$

5-2 図 5・6 のように，ばね定数 30 N/m のばねに質量 0.10 kg のおもりをつるして，小さく振動させたときの周期を求めなさい．

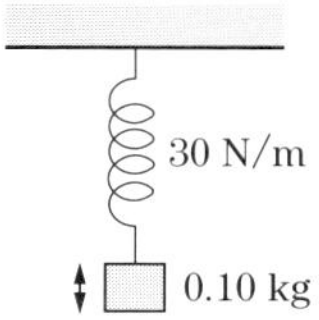

図 5・6

解答 $T = 2\pi\sqrt{\dfrac{m}{k}}$ に値を代入すると

$$T = 2\pi\sqrt{\dfrac{0.10}{30}} = 0.36 \text{ s}$$

また，周期 T の逆数である振動数 f_0 は次式で表される．

$$f_0 = \dfrac{1}{2\pi}\sqrt{\dfrac{k}{m}} \quad [\text{Hz}]$$

このように，振動の振幅に関係なく，質量 m とばね定数 k で決まる振動数を**固有振動数**という．これは，ばねで支えられた機械や，ばねでつながった自動車本体とそのタイヤなど，実際の機械の振動を考えるときにも大いに役立つ．

また，ばね振り子の $kx_0 = mg$ の関係を用いると，固有振動数 f_0 は次式で表すこともできる．

$$f_0 = \dfrac{1}{2\pi}\sqrt{\dfrac{g}{x_0}} \quad [\text{Hz}]$$

上式から，つり合いにおけるばねの伸び x_0 [m] がわかれば，固有振動数が求められることがわかる．

5-3 ある機械が，防振ゴムで基礎の上に据え付けられている．機械にはたらく重力によって防振ゴムが一様に 4 mm だけ縮んでいるとき，この機械の固有振動数を求めなさい．

解答 $f_0 = \dfrac{1}{2\pi}\sqrt{\dfrac{g}{x_0}} \text{ [Hz]} = \dfrac{1}{2 \times 3.14}\sqrt{\dfrac{9.8}{0.004}} = 7.9 \text{ Hz}$

❷ 単振り子

　糸におもりをつるして，角 θ だけ傾けてから放すと，おもりは行ったり来たりする．これを**単振り子**といい，単振り子の運動方程式は次のように表すことができる．

　糸の長さ l〔m〕を半径とするとき，おもりは半径 l〔m〕の円弧上を運動する．おもりが P 点にあるとき，円の接線方向を x 軸，糸の方向を y 軸として，**図 5・7** に示すような向きで，力と運動の関係を考える．

　x 軸方向にはたらく力は，重力 mg の x 方向成分であり，向きはマイナスであるから，次式で表される．

$$F_x = -mg \sin\theta \text{〔N〕}$$

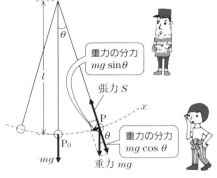

図 5・7　単振り子

このとき，θ〔rad〕が小さいときには，$\sin\theta \fallingdotseq \theta = \dfrac{x}{l}$ という近似が成り立ち

$$F_x \fallingdotseq -mg\theta = -mg\frac{x}{l} \text{〔N〕}$$

となる．よって，単振り子の接線方向にはたらく力 F_x〔N〕は，変位 x〔m〕に比例し，常にマイナスの方向（すなわち原点 P_0）に向かってはたらくことがわかる．また，θ〔rad〕が小さいときには，点 P の運動もほぼ直線上の運動とみなせるため，この運動は単振動として扱うことができる．

　y 軸方向にはたらく力は，糸の張力 S〔N〕と重力の y 方向成分である $mg\cos\theta$〔N〕である．おもりが静止しているときには 2 力はつり合っているが，おもりが円弧上を運動しているときには 2 力の合力が円運動の向心力となる．したがって，点 P を通過する瞬間の速さを v〔m/s〕とすると，次式が成立する．

$$S - mg\cos\theta = F_y = m\frac{v^2}{l} \text{〔N〕}$$

　上式から，糸の張力 S〔N〕は，糸の傾き角 θ〔rad〕やおもりの速さ v〔m/s〕によって変化することがわかる．

　単振り子の運動方程式を単振動の運動方程式と比較すると，次のようにして単振り子の周期を求めることができる．ただし，この式は $\sin\theta \fallingdotseq \theta = \dfrac{x}{l}$ という近似が成り立つ場合のみ，使用できる．

$$\text{単振り子} \quad F = -mg\frac{x}{l} \quad \Longleftrightarrow \quad \text{単振動} \quad F = -kx$$

より

$$k = \frac{mg}{l} \quad \text{よって，周期 } T = 2\pi\sqrt{\frac{m}{k}} = 2\pi\sqrt{\frac{l}{g}} \ [\text{s}]$$

なお，上式は振り子の周期が振り子の長さ l と重力加速度 g によって決まり，振り子の質量や振幅には関係しないことを表している．これを**振り子の等時性**という．

❸ 単振動のエネルギー

単振動をしている物体は，位置エネルギーや運動エネルギーなどの力学的エネルギーをもっている．

水平面上を質量 m 〔kg〕の物体が速さ v 〔m/s〕で運動しているとき，ばね定数 k 〔N/m〕のばねを x 〔m〕だけ伸び縮みさせたときの弾性力の位置エネルギー U 〔J〕と運動エネルギー K 〔J〕は，それぞれ次式で表される．

位置エネルギー：$U = \dfrac{1}{2}kx^2$ 〔J〕

運動エネルギー：$K = \dfrac{1}{2}mv^2$ 〔J〕

よって，単振動の中心から x 〔m〕だけ離れたところでの力学的エネルギーの和は次式で表される．

$$U + K = \frac{1}{2}kx^2 + \frac{1}{2}mv^2 \ [\text{J}]$$

上式に $x = r\sin\omega t$，$v = r\omega\cos\omega t$，$k = m\omega^2$ を代入すると，次式が得られる．

$$\begin{aligned}
U + K &= \frac{1}{2}m\omega^2(r\sin\omega t)^2 + \frac{1}{2}m(r\omega\cos\omega t)^2 \\
&= \frac{1}{2}m\omega^2 r^2(\sin^2\omega t + \cos^2\omega t) \\
&= \frac{1}{2}m\omega^2 r^2 \\
&= \frac{1}{2}m(2\pi f)^2 r^2 = 2\pi^2 m r^2 f^2
\end{aligned}$$

ここで，$\sin^2 \omega t + \cos^2 \omega t = 1$，$\omega = 2\pi f$ の関係を用いた．

上式から，単振動をしている物体がもっている力学的エネルギーは，振幅 r の2乗と振動数 f の2乗に比例することがわかる．

また，変位が最大のときには，速度 $v = 0$ となるため，運動エネルギーが 0 となり，力学的エネルギー $\frac{1}{2} m\omega^2 r^2$ に等しくなる．これは弾性力の位置エネルギー $\frac{1}{2} kx^2$ に等しい．すなわち，振動している間は弾性力による位置エネルギーと運動エネルギーが相互に変換していることがわかる．

例題 5-4 図 5·8 のように，質量が無視できる長さ l〔m〕のばねの一端が固定されて鉛直に置かれている．ばねの固定点を原点とする座標でばねの位置を表すことにする．ばね定数を k〔N/m〕，重力加速度の大きさを g〔m/s²〕として，次の問いに答えなさい．

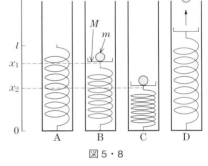

図 5·8

(1) ばねの上端に質量 M〔kg〕の皿を固定して，その上に質量 m〔kg〕のおもりを載せる．ばねの上端の座標が x〔m〕のとき，皿とおもりが一体になっているとして，それにはたらく重力とばねによる力との合力を求めなさい．また，2 力がつり合って静止するとき，ばねの上端の座標 x_1〔m〕を求めなさい．

(2) ばねの上端をつり合いの状態から x_2〔m〕の位置まで押し下げて静かに放すとき，ばねの上端の運動はつり合いの位置 x_1〔m〕を中心とした単振動になることを示しなさい．また，この単振動の周期と振幅を求めなさい．

(3) ばねの上端が x_1〔m〕を通過するときの速度を求めなさい．

解答

(1) 重力は下向きに $(M+m)g$〔N〕，ばねの力はフックの法則より，上向きに $k(l-x)$〔N〕であるから，合力 F は次式のようになる．

$$F = k(l-x) - (M+m)g \text{〔N〕}$$

つり合いの位置では $F=0$ であるから，上式において $F=0$ として，x_1 を求める．
$$x_1 = l - \frac{(M+m)g}{k} \text{ [m]}$$

（2）上向きの加速度を a [m/s^2] とすると，運動方程式は次式で表される．
$$(M+m)a = k(l-x) - (M+m)g$$

つり合いの位置 x_1 から上向きに測った距離を x_3 とすれば
$$x = x_1 + x_3 = l - \frac{(M+m)g}{k} + x_3$$

と表されるため，これを運動方程式に代入すると
$$(M+m)a = -kx_3$$

が得られる．これは，つり合いの位置 x_1 を中心とした単振動の運動方程式であり，この単振動の振幅 A は次式で表される．
$$A = x_1 - x_2 = l - \frac{(M+m)g}{k} - x_2 \text{ [m]}$$

したがって，その周期 T は次式で表される．
$$T = 2\pi\sqrt{\frac{M+m}{k}} \text{ [s]}$$

（3）単振動の運動方程式は水平に置かれているばね振り子と同じ形をしているため，力学的エネルギー保存の法則も同様にして考えることができる．$x = x_1$ における速度を v [m/s] とすると，ここでの運動エネルギーは $\frac{(M+m)v^2}{2}$ [J]，弾性力による位置エネルギーは 0 J である．

$x = A (= x_1 - x_2)$ における運動エネルギーは 0 J，弾性力による位置エネルギーは，$\frac{1}{2}kA^2$ [J] であるから，次式が成立する．

$$\frac{1}{2}(M+m)v^2 = \frac{1}{2}kA^2$$

$$\therefore \quad v = A\sqrt{\frac{k}{M+m}} = (x_1 - x_2)\sqrt{\frac{k}{M+m}} \text{ [m/s]}$$

5-3 振動の種類

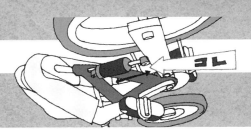

ダンパ入れ 機械の振動 抑えよう

Point
1. 振動は，外力とそれによる復元力によって生じる．
2. 振動には，自由振動，減衰振動，強制振動などがある．

1 振 動

機械や構造物で扱う振動とは，「物体に固有の特性のために発生する周期的な運動」のことである．いいかえれば，大小の物理量が交互に反復する振動は，外力とそれによる復元力によって生じている．

ある力学系において，1つの座標を決めれば，その系の運動をいつでも完全に表すことができるものを **1自由度系**という．ここでは主に振動学の基礎となる1自由度系の振動を扱う．

2 振動の種類

周期的に同じ波形の運動を繰り返す振動を**調和振動**という．振動の変位 x と時間 t の関係は**図5・9**のように示され，次式で表される．

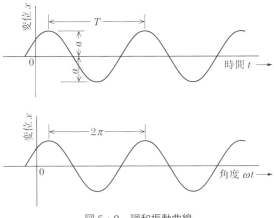

図5・9 調和振動曲線

$$x = a\sin(\omega t + \alpha) \ [\text{m}]$$

ここで，a〔m〕を**振幅**，ω〔rad/s〕を**角振動数**，α〔rad〕を**初期位相**という．この振動の周期 T〔s〕は $T = \dfrac{2\pi}{\omega}$〔s〕，振動数 f〔Hz〕は $f = \dfrac{1}{T} = \dfrac{\omega}{2\pi}$〔Hz〕となる．

この運動の代表が，図 5・10 のような質量-ばね系である．理想的な質量-ばね系では，ばねに取り付けられた質量 m〔kg〕の物体を初速度 v_0〔m/s〕で動かすと，それ以降は外力を加えなくても振動を続ける．

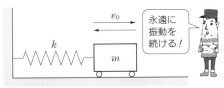

図 5・10　質量-ばね系

実際には，無限に続くような振動はなく，時間の経過とともに振幅はしだいに小さくなる．これを振動が**減衰**するといい，機械や構造物では，摩擦や抵抗などが**減衰力**の原因となる．

❸ 減衰振動

減衰の原因の中で，最も基本的とされているのが，「運動する物体の速度」に比例するものである．これを**粘性減衰**といい，流体の中を物体が動くときにはこのような抵抗が生じる．

急激な変化を防止するために粘性減衰を発生させるダンパの一種を**ダッシュポット**という（図 5・11）．これは流体が充満しているシリンダの中をピストンが運動するときに，抵抗が生じるようにしたものである．

ここで，物体の質量を m〔kg〕，ばね定数を k〔N/m〕，減衰力の比例定数（減衰係数）を c とすれば，次のような運動方程式が成り立つ．

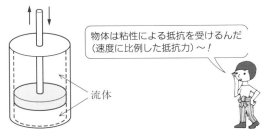

図 5・11　ダッシュポット

$$m\frac{d^2x}{dt^2} = -kx - c\frac{dx}{dt}$$

これを整理すると次式のようになる．

$$m\frac{d^2x}{dt^2} + c\frac{dx}{dt} + kx = 0$$

この式の解を $x = Ce^{\lambda t}$（C は定数，e は自然対数，t は時間）とおいて，上式に代入すると，次式のようになる．

$$C(m\lambda^2 + c\lambda + k)e^{\lambda t} = 0$$

$e^{\lambda t}$ は常に 0 とはならないから，$C \neq 0$ であるためには

$$m\lambda^2 + c\lambda + k = 0$$

でなければならない．この式の根は

$$\lambda = -\frac{c}{2m} \pm \frac{1}{2m}\sqrt{c^2 - 4mk}$$

となり，次の3つの場合に分けて考えることができる．

① **$c > 2\sqrt{mk}$ の場合**

λ は互いに異なる負の実根 $\lambda_1 = -\alpha_1$，$\lambda_2 = -\alpha_2$（α_1，$\alpha_2 > 0$）をもつ．
よって，上式の一般解は，次式で表される．

$$x = C_1 e^{-\alpha_1 t} + C_2 e^{-\alpha_2 t}$$

ここで，C_1 と C_2 は任意の積分定数であり，初期変位と初速度などの初期条件によって決まる．

例えば，$t = 0$ で $x = x_0$，$\dfrac{dx}{dt} = 0$ のときには

$$x_0 = C_1 + C_2 \qquad 0 = -\alpha_1 C_1 - \alpha_2 C_2$$

であり，これから C_1 と C_2 を求めて，x を求めると次式を導くことができる．

$$x = \frac{x_0}{\alpha_2 - \alpha_1}(\alpha_2 e^{-\alpha_1 t} - \alpha_1 e^{-\alpha_2 t})$$

この運動は図 **5・12** のような無振動の減衰運動として表される．これは物体を水あめやグリースの中で運動させるような場合に相当する．

② **$c = 2\sqrt{mk}$ の場合**

$m\lambda^2 + c\lambda + k = 0$ の根は，重根 $\lambda = -\dfrac{c}{2}m$ となる．これを $-\alpha$ とおけば，一般解は次式で表される．

$$x = e^{-\alpha t}(C_1 + C_2 t)$$

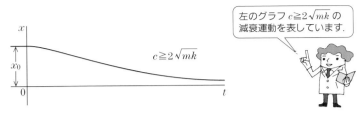

図 5・12 無振動の減衰運動

① と同様に初期条件を $t=0$ で $x=x_0, \dfrac{dx}{dt}=0$ として C_1 と C_2 を計算して x を求めると，次式を導くことができる．

$$x = x_0 e^{-\alpha t}(1+\alpha t)$$

この運動も ① と同じような減衰運動をする．

③ $c < 2\sqrt{mk}$ の場合

$m\lambda^2 + c\lambda + k = 0$ の根は，1 組の共役な複素数の根となる．

これを，$\lambda_1 = -\alpha + \mathrm{j}\beta$，$\lambda_2 = -\alpha - \mathrm{j}\beta$ とおけば，一般解は次式で表される（j は虚数単位）．

$$\begin{aligned}
x &= e^{-\alpha t}(C_1 e^{\mathrm{j}\beta t} + C_2 e^{-\mathrm{j}\beta t}) \\
&= e^{-\alpha t}[C_1(\cos \beta t + \mathrm{j} \sin \beta t) + C_2(\cos \beta t - \mathrm{j} \sin \beta t)] \\
&= e^{-\alpha t}(C \cos \beta t + D \sin \beta t)
\end{aligned}$$

ここでオイラーの公式 $e^{\mathrm{j}\theta} = \cos \theta + \mathrm{j} \sin \theta$ を用いて．$C = C_1 + C_2$，$D = \mathrm{j}(C_1 - C_2)$ となる．

① と同様に初期条件を $t=0$ で $x=x_0$，$\dfrac{dx}{dt}=0$ として C と D を計算すると，

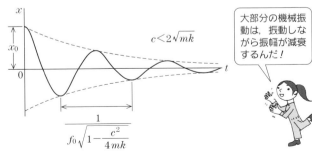

図 5・13 振動がある場合の減衰運動

$C = x_0$, $D = \left(\dfrac{\alpha}{\beta}\right)x_0$ となり，次式を導くことができる．

$$x = x_0 e^{-\alpha t}\left(\cos \beta t + \frac{\alpha}{\beta}\sin \beta t\right)$$

この運動は，**図 5・13** のように振幅が指数関数的に減少する減衰振動となる．通常，観察される大部分の機械振動はこの場合に相当する．

❹ 強制振動

減衰力や復元力など，運動それ自体によって発生する力でない外力が時間の関数として周期的に作用するときには，一定の振動が継続する．これを**強制振動**といい，その運動方程式は次のようにして導くことができる．

物体（機械）の質量を m〔kg〕，ばね定数を k〔N/m〕，減衰力の比例定数（減衰係数）を c，また外力による時間の関数として周期的にはたらく振動を $F\sin \omega t$ とすると，次のような運動方程式が成り立つ．

$$m\frac{d^2x}{dt^2} + c\frac{dx}{dt} + kx = F\sin \omega t$$

この方程式の一般解は，右辺を 0 とした自由振動の解と，強制力による振動による特解の和で与えられる．時間の経過により，自由振動の解は外部からのエネルギー供給がないため，やがて減衰していく．

これに対して，強制力による振動の定常解だけが残るとして，この解を次のように仮定する．

$$x = A\sin \omega t + B\cos \omega t$$

これを運動方程式に代入して整理すると，次式が成り立つ．

$$[(k-m\omega^2)A - c\omega B]\sin \omega t + [c\omega A + (k-m\omega^2)B]\cos \omega t = F\sin \omega t$$

定常解として，この式が常に成り立つためには，両辺の $\sin \omega t$ と $\cos \omega t$ の係数が互いに等しい必要がある．そのため，次式が成り立つ．

$$(k-m\omega^2)A - c\omega B = F \qquad c\omega A + (k-m\omega^2)B = 0$$

この 2 式から A，B を求めてから x の式に代入すると，次式が成り立つ．

$$\begin{aligned}x &= \frac{F}{(k-m\omega^2)^2 + (c\omega)^2}[(k-m\omega^2)\sin \omega t - c\omega \cos \omega t]\\ &= A\sin(\omega t - \varphi)\end{aligned}$$

ここで，$A = \dfrac{F}{\sqrt{(k-m\omega^2)^2 + (c\omega)^2}}$〔m〕　　$\varphi = \tan^{-1}\dfrac{c\omega}{k-m\omega^2}$

以上の結果より，機械は強制力の角振動数 ω に等しい角振動数 ω をもち，力 F の大きさに比例する振幅で振動する．しかし，その振動の位相は角度 φ だけ遅れるということがわかる．

　以上の角振動数と振幅の関係をグラフに表すと**図 5・14** のようになる．角振動数が小さいときには，$A = \dfrac{F}{k}$ となり，振幅はそれほど大きくはならない．しかし，角振動数が大きくなるにつれて振幅はしだいに大きくなり，機械の固有角振動数 $\omega_0 = \sqrt{\dfrac{k}{m}}$ に達すると，最大値に近い $A = \dfrac{F}{c\omega_0}$ になる．

　図 5・15 は減衰がある場合の振幅の変化を表した曲線である．ここで横軸は強制力の角振動数 ω と機械の固有角振動数 ω_0 の比である．また，縦軸は力 F が作

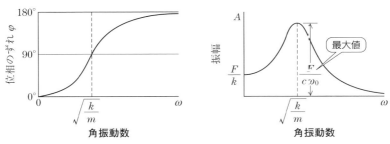

図 5・14　強制振動の角振動数と位相・振幅の関係

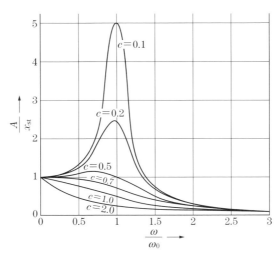

図 5・15　共振曲線（$\sqrt{mk} = 0.5$ の場合）

用したときのばね定数 k のばねの静的なたわみである $x_{\mathrm{st}} = \dfrac{F}{k}$ に対する強制振動の振幅 A の比である．

強制力の角振動数 ω が振動する機械の固有角振動数 ω_0 に近づくと振動が大きくなり，$\dfrac{\omega}{\omega_0} = 1$ のときには，強制力が小さいとしても振幅がきわめて大きくなる．これを**共振**という．機械の運動中にばねや回転軸に共振が発生すると，機械が突然破壊するなどにつながるため，危険である．

しかし，機械に発生する振動を完全になくすことは不可能であるため，機械の設計を行うときには，あらかじめ機械の固有振動数を正確に求めておき，予想される外力が共振する振動数に近づかないようにする必要がある．

❺ 防振と緩衝

振動する機械や構造物に組み込むことで振動や衝撃を緩和する部品として，さまざまなものが開発されている．

① 防振ゴム（図 5・16）

ゴムの弾性を利用してばねの役割をもたせたものを**防振ゴム**という．防振ゴムの材料には，天然ゴムのほか，人工的に開発されたニトリルゴム，クロロプレンゴム，ブチルゴムなどがある．

各種形状のものがあり，鉄道車両，自動車，建築物などに幅広く利用されている．

図 5・16　防振ゴム

② 空気ばね（図 5・17）

ベローズ（蛇腹）やダイアフラム（薄いゴム膜）などの容器の中に空気を入れたものを**空気ばね**という．

空気ばねは，高周波の自由振動を速やかに減衰させることができるため，鉄道車両や自動車などの乗り心地をよくするために利用されている．

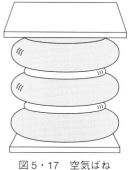

図 5・17　空気ばね

③　ダンパ（図 5・18）

シリンダの中に油などの流体を入れて，その中を動くピストンの動きに緩衝のはたらきをさせるものが**ダンパ**である．

鉄道車両や自動車，構造物の免震装置などに利用されている．

先に述べたダッシュポットも，ダンパの一種である．

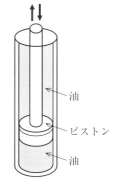

図 5・18　ダンパ

> **COLUMN　粘弾性**
>
> 　防振ゴムに用いられる高分子材料は，ばね定数のような弾性の性質のほか，粘り気の度合いである粘性の性質をもつことが重要である．
>
> 　感覚的にイメージすると，ばねのような弾性は変形が大きいほど力がかかるが，粘性というのは速く動かそうとしたときほど力がかかるからである．
>
> 　空気ばねの空気やダンパの油なども同様の性質をもつため，科学的には，それぞれの弾性と粘性をモデル化して，実際の現象を検討するのである．

COLUMN　ロボットの歩行

　近年，二足歩行ロボットの研究開発が進められている．つまり，歩行という動作も運動学として扱うことができる．人間が歩行しているとき，人間の身体の重心には，地球からの重力と，進行することによる慣性力がはたらいている．ここで，慣性力は加速度の向きと逆の向きにはたらく．この重力と慣性力を合わせて**総慣性力**と呼ぶ．総慣性力が地面にはたらくと，地面からは反力を受ける．

　図 5・19 のように理想的な歩行ができているときには，総慣性力と反力が同軸線上でつり合っている．このとき，モーメントもつり合っており，その和はゼロになる．この点を **ZMP**（ゼロ・モーメント・ポイント）という．

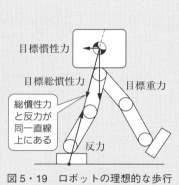
図 5・19　ロボットの理想的な歩行（ZMP）

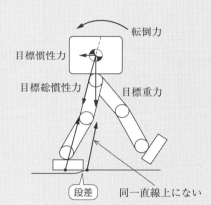
図 5・20　バランスを崩したときのロボットの歩行

　しかし，**図 5・20** のように段差があるところを歩行しようとしてバランスをくずすと，総慣性力と反力を結ぶ軸がずれてしまう．このとき，つり合わないモーメントが発生して，これが転倒力になる．ロボットに安定した二足歩行をさせるためには，この転倒力を抑えるための制御方法を検討する必要がある．

　二足歩行は重心の移動方法の違いにより，大きく2つに分けられる．

　図 5・21 の**静歩行**は重心の位置を常に安定に保ち，バランスをとりながら歩く方式である．どの瞬間で動作を停止させても，その場でバランスをとることができるが，動作は遅く，平らな場所でしか歩行することができない．

　これに対して，**図 5・22** の**動歩行**は重心の移動を予測しながら，バランスをくずしても，次の足を踏み出すことでバランスをとろうとする方式である．動作は静歩

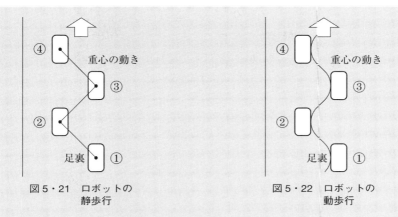

図5・21　ロボットの静歩行　　　図5・22　ロボットの動歩行

行より速く，階段や斜面などでも歩行することができるが，足を踏み出している途中で動作を止めるとバランスをくずして転倒してしまう．

このため，ロボットが動いているときに，その姿勢や動作を制御するために用いられるのが**センサ**である．例えば，6軸の力センサでは，前後・上下・左右方向の力，そして3つの軸を回転する力の，合計6軸を感知することができる．具体的には，角関節の角度を検出するセンサ，傾きを検出するジャイロセンサ，加速度を検出する加速度センサなどがある．

章末問題

問題1 時刻 t [s] と位置 x [m] の関係が $x = 0.20\sin(5.0t)$ [m] で与えられる単振動がある．この振動において，振幅 [m]，周期 [s]，振動数 [Hz] を求めなさい．

問題2 問題1において，時刻 t [s] と速度 v [m/s] の関係を表す式，および時刻 t [s] と加速度 a [m/s^2] の関係を表す式を求めなさい．また，v-t グラフ，a-t グラフを描きなさい．

問題3 単振動の運動方程式は，$m\left(\dfrac{d^2x}{dt^2}\right) = -kx$（ただし k は定数）のように書ける．この式の両辺に v をかけて時間 t で積分することによって，単振動における力学的エネルギー保存の法則の式を求めなさい．

問題4 2つの単振動である $x_1 = A\cos(\omega t + \alpha_1)$ と，$x_2 = B\cos(\omega t + \alpha_2)$ を合成した振動は，どのようになるか求めなさい．

問題5 図 5・23 のようななめらかな水平面上に質量 m [kg] のおもりを置いて，これにばね定数 k [N/m] のばねの一端を取り付けて，他端を壁に固定する．

いま質量 M [kg] の物体が速度 V [m/s] でおもりに衝突して，その後は一体となって振動した．

このとき，一体になった直後の速度を求めなさい．

また，振動の周期と振幅を求めなさい．

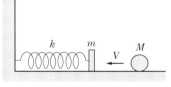

図 5・23

章末問題の解答

第 1 章

問題 1 合力は図 1 のようになる．三角形の 2 辺の長さと，はさむ角がわかっているので，合力を計算できる．合力の大きさ F は，余弦定理より
$$F = \sqrt{40^2 + 30^2 - 2 \times 40 \times 30 \times \cos 160°}$$
$$= 69 \text{ N}$$

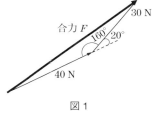

図 1

問題 2 力 F を x 方向と y 方向に分解すると図 2 のようになる．したがって，分力 F_x, F_y は
$$F_x = 15 \cos 120° = -7.5 \text{ N}$$
$$F_y = 15 \sin 240° = -13 \text{ N}$$

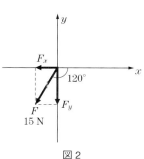

図 2

問題 3 手が引く力を F, 糸の張力を S とすると，図 3 のように水平方向と鉛直方向のつり合いより
$$F = S \sin 30°$$
$$S \cos 30° = 30$$
これより，$S = 35 \text{ N}$, $F = 17 \text{ N}$

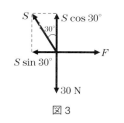

図 3

問題 4 点 O についての力のモーメント M は，反時計回りを正とすると
$$M = -30 \times 0.10 \sin 45° + 50 \times 0.20 \sin 60° = 6.5 \text{ N·m}$$

問題 5 平行で逆向きの 2 力の合成なので，合力は大きさが $|F_1 - F_2|$, 作用点

が，線分 AB を $F_2 : F_1$ に外分している．したがって，合力の大きさは，$|1.8 - 0.60| = 1.20$ N，図 1·61 の長さ x は $x : x + 0.80 = 0.60 : 1.8$，これより $x = 0.40$ m

問題 6 ① 点 B についての力のモーメント M を計算すると
$$M = 50 \times 0.50 \sin 30° + 25 \times 0.75 \sin 30° + N_1 \times 1.0 \cos 30°$$
となる．つり合っていることより $M = 0$，したがって，$N_1 = 25$ N
② 棒にはたらく鉛直方向の力は，棒自体の重力 50 N，おもりの重力 25 N，そして床が棒にはたらかせる垂直抗力 N_2 のみである．したがって N_2 は
$$N_2 = 50 + 25 = 75 \text{ N}$$
③ 水平方向は N_1 と F のみであることより，$F = 25$ N

問題 7 節点 1 の力のつり合いに注目する．左右対称のトラスなので，$R_A = R_B = \dfrac{5}{2} P = 2.5 P = 300$ N（上向き）となる．次に力のつり合い方程式を立てて，N_A と N_B を求める．
（図 4）と，

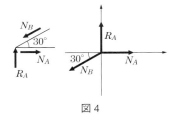

図 4

　水平方向の力のつり合い：$N_A = N_B \cos 30°$
　鉛直方向の力のつり合い：$2.5 P = N_B \sin 30°$
から，N_A と N_B を求める．
$$N_B = \frac{2.5 P}{\sin 30°} = \frac{2.5 \times 120}{0.5} = 600 \text{ N}$$
（引張力）
$$N_A = N_B \cos 30° = 600 \frac{\sqrt{3}}{2} = 520 \text{ N}$$
（圧縮力）

問題 8 くり抜いた円板と，くり抜かれた円板の面積比は 1 : 3 である．一様な円板の重心は中心なので，くり抜いた円板の重心を**図 5** の位置にあると仮定すると，$0.30 : x = 3 : 1$ が成り立つ．したがって，$x = 0.10$ m である．

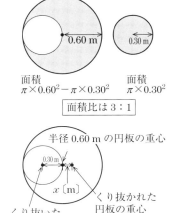

図 5

第 2 章

問題 1 1 m/s は 3.6 km/h である．したがって
108 km/h ＝ 108÷3.6 m/s ＝ 30 m/s
2.5 m/s ＝ 2.5×3.6 km/h ＝ 9.0 km/h

問題 2 半径 6 410 km の円周は，$2×3.14×6 410 ＝ 40 254.8$ km より，
40 254.8 km÷24 h ＝ $1.68×10^3$ km/h の速さで進まなくてはならない．

問題 3 雨の速さを v_A，電車の速さを v_B とすると，電車から見た雨の速さ（相対速度の大きさ）v は，$v＝v_A－v_B$ となる．図 6 から $\dfrac{v_B}{v_A}＝\tan 40°$ より，
$v_A＝30÷0.839＝36$ km/h ＝ 10 m/s

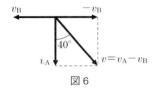
図 6

問題 4 等加速度直線運動をしているので
$$x＝v_0 t+\frac{1}{2}at^2＝3.0×(20－10)+\frac{1}{2}×2.0×(20－10)^2＝130 \text{ m}$$

問題 5 位置 x は，$x＝0.20×2.0+0.30×2.0^2$ m ＝ 0.40+1.2 ＝ 1.6 m
速度 v は，位置 x を微分すると，$v＝\dfrac{dx}{dt}＝0.20+0.60t$，これに $t＝2.0$ を代入すると
$v＝0.20+1.2＝1.4$ m/s

問題 6 自由落下の式より，$v＝gt＝9.8×1.0＝9.8$ m/s，$y＝\dfrac{1}{2}gt^2＝\dfrac{1}{2}×9.8×1.0^2＝4.9$ m，したがって $h＝20－4.9＝15$ m

問題 7 鉛直投げ下ろしの式より
$v＝v_0+gt＝2.0+9.8×2.0＝21.6$ m/s
落下距離は $y＝v_0 t+\dfrac{1}{2}gt^2＝2.0×2.0+\dfrac{1}{2}×9.8×2.0^2＝4.0+19.6＝23.6$
よって地上からの高さ h は
$h＝40－23.6＝16$ m

問題 8 鉛直上方投射である．最高点においては，$v=0$ となっている．$v^2-v_0^2=-2gy$ より，$0^2-29.4^2=-2\times 9.8\times h$，これより $h=44.1$ m

　もとの高さは $y=0$ より，$0=29.4t-\dfrac{1}{2}\times 9.8t^2$ となる．これより $t=0,\ 6.0$ s，題意より 6.0 s である．

問題 9 初速度を分解する．鉛直成分は $20\sin 60°=17.3$ m/s であることより
$$0^2-17.3^2=-2\times 9.8\times h,\ \text{したがって}\ h=15\ \text{m}$$
$y=0$ となる時刻は，$0=17.3t-\dfrac{1}{2}\times 9.8\times t^2$

これより，$t=0,\ 3.5$ s

初速度の水平方向成分は，$20\cos 60°=10$ m/s，よって水平到達距離 l は
$$l=10\times 3.5=35\ \text{m}$$

問題 10 鉛直方向には自由落下と考えてよいので，$49=\dfrac{1}{2}\times 9.8t^2$，これより衝突時間は $t=3.2$ s

衝突時に，鉛直方向の速度は 31 m/s，水平方向は 30 m/s なので，図 7 より
$$\tan\theta=\dfrac{v_y}{v_x}=\dfrac{31}{30}=1.03$$

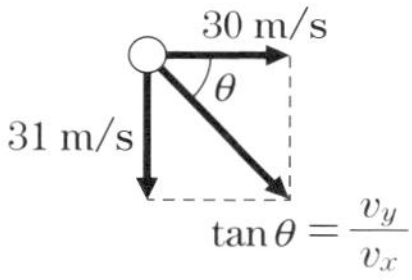

図 7

問題 11 角速度 ω は，$200\times 2\times\dfrac{3.14}{1}=1.3\times 10^3$ rad/s

速さ v は，$0.020\times 1\,256=2.5\times 10^3$ m/s

問題 12 速さ v は，$3.0\times 2.0=6.0$ m/s．加速度の大きさ a は，$3.0\times 2.0^2=12$ m/s^2

第 3 章

問題 1 糸の張力の大きさを S，物体 A，B の加速度を a とすると，それぞれの物体について運動方程式は

A：$5.0a=S$

B：$2.0a=2.0\times 9.8-S$

となる．2 式より，a を求めると，$a=2.8$ m/s^2 となる．

問題 2　糸の張力の大きさを S, 物体 A にはたらく垂直抗力を N, 物体 A, B の加速度を a とすると，それぞれの物体について運動方程式は　運動方向について
　　A：$4.0a = S - 0.20N - 4.0 \times 9.8 \times \sin 30°$
　　B：$3.0a = 3.0 \times 9.8 - S$
となる．ただし，$N = 4.0 \times 9.8 \times \cos 30° = 33.9$ である．したがって 2 式より，a を求めると，$a = 0.43 \text{ m/s}^2$ となる．

問題 3　衝突直前の物体 A の速さは，$\sqrt{2gh} = \sqrt{2 \times 9.8 \times 2.5} = 7.0 \text{ m/s}$ となっている．物体 B との衝突において
　　運動量保存則：$2.0 \times 7.0 + 1.0 \times 0 = 2.0 \times v_A' + 1.0 \times v_B'$
　　反発係数：$0.30 = -\dfrac{v_A' - v_B'}{7.0 - 0}$
これより，衝突後の物体 A, B の速さを求めると，$v_B' = 6.1 \text{ m/s}$
したがって，物体 B の上昇する高さ h は
$$h = \frac{v_B'^2}{2g} = \frac{6.1^2}{2 \times 9.8} = 1.9 \text{ m}$$

問題 4　$72 \text{ km/h} = 20 \text{ m/s}$ なので，走行中の自動車がもつ運動エネルギーは，$\dfrac{1}{2} \times 1\,000 \times 20^2 = 2.0 \times 10^5 \text{ J}$ である．停止時の運動エネルギーは 0 であるから，運動エネルギーの減少分は $2.0 \times 10^5 \text{ J}$ である．摩擦力のした仕事の分だけ運動エネルギーが減少したと考えられるので，摩擦力の大きさを F とすると，$F \times 40 = 2.0 \times 10^5$ の関係がある．したがって，摩擦力の大きさは $F = 5.0 \times 10^3 \text{ N}$ である．

問題 5　遠心力と重力がつり合うので $\dfrac{mv^2}{R} = mg$，よって $v = \sqrt{gR}$，$R = 6.4 \times 10^3 \text{ km}$ を代入すると，$v = \sqrt{9.8 \times 6.4 \times 10^6} = 7.9 \times 10^3 \text{ m/s}$

第 4 章

問題 1　重心を通っているので，慣性モーメント I_G は
$$I_G = \frac{1}{12} M l^2 = \frac{1}{12} \times 3.0 \times 1.0^2 = 0.25 \text{ kg·m}^2$$

問題 2 平行軸の定理より，$I = I_G + Md^2 = 0.25 + 3.0 \times 0.20^2 = 0.37 \text{ kg·m}^2$ となる．

問題 3 図 8 のように，球を z 軸に垂直な平面で厚さ dz の薄い円板に分割する．z の位置での円板の半径は $\sqrt{r^2-z^2}$．球の密度を ρ とすると，薄い円板の質量は $\rho\pi(r^2-z^2)dz$．円板の慣性モーメントは $\frac{1}{2}\rho\pi(r^2-z^2)^2 dz$ であり，これを z について，$-r$ から r まで積分する．密度 ρ は $\dfrac{M}{\left(\dfrac{4\pi r^3}{3}\right)}$ で与えられることより

$$I = \int_{-r}^{r} \frac{1}{2} \cdot \frac{M}{\frac{4}{3}\pi r^3} \pi (r^2-z^2)^2 dz = \frac{2}{5} Mr^2$$

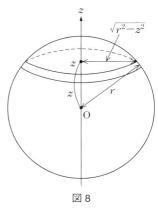

図 8

問題 4 角運動量の大きさ L は $L = I\omega = \dfrac{1}{2}mr^2\omega$ で与えられる．角速度 ω は，$\omega = \dfrac{d\theta}{dt} = 30 \times 2 \times \dfrac{3.14}{1.0} = 188.4 \text{ rad/s}$ である．よって，

$$L = \frac{1}{2} \times 0.30 \times 0.10^2 \times 188.4 = 0.28 \text{ kg·m}^2/\text{s}$$

問題 5 角運動量と慣性モーメントは $L = I\omega$ の関係があり，回転による運動エネルギーは $\dfrac{1}{2}I\omega^2$ で与えられる．したがって

$$\frac{1}{2}I\omega^2 = \frac{1}{2}L\omega = \frac{1}{2} \times 0.283 \times 188.4 = 27 \text{ J}$$

問題 6 点 O に関する慣性モーメントは $I = \dfrac{Ml^2}{3}$ より

$$I = \frac{0.50 \times 0.30^2}{3} = 0.015 \text{ kg·m}^2$$

棒が鉛直になったときの角速度を ω とすると力学的エネルギー保存の法則より

$$\frac{1}{2} \times 0.015 \times \omega^2 = 0.50 \times 9.8 \times 0.15 \times (1-\cos 30°)$$

これより $\omega = 3.64$ rad/s. したがって, $v = r\omega = 0.30 \times 3.64 = 1.1$ m/s

問題 7 慣性モーメントは, 回転軸に対して質量が遠くに分布しているもののほうが大きい値をもつ. したがって, 同じ大きさの力のモーメントを与えたときに, 角加速度の小さいもののほうが中空の球殻である.

第 5 章

問題 1 単振動の変位 x は, $x = A \sin \omega t$ で与えられ, A は振幅, ω は角振動数, t は時間を表している. したがって

振幅 : 0.20 m 周期 : $T = \dfrac{2\pi}{\omega} = \dfrac{2 \times 3.14}{5.0} = 1.3$ s

振動数 : $f = \dfrac{1}{T} = \dfrac{5.0}{2 \times 3.14} = 0.80$ Hz

問題 2 問題 1 の式を時間 t で微分すると, 速度の式が得られ, さらに時間 t で微分すると, 加速度の式が得られる.

$v = \dfrac{dx}{dt} = 1.0 \cos(5.0t)$

$a = \dfrac{dv}{dt} = -5.0 \sin(5.0t)$

これらをグラフに表すと**図 9** のようになる.

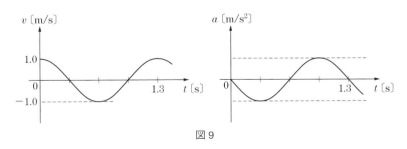

図 9

問題 3 単振動の運動方程式 $m\left(\dfrac{d^2x}{dt^2}\right)$ に, 速度 v をかけて, 時間 t で積分すると

$$\int m \frac{d^2x}{dt^2} v\, dt = \int -kxv\, dt, \quad v = \frac{dx}{dt}$$ より，

$$\int m \frac{d^2x}{dt^2} \cdot \frac{dx}{dt}\, dt = \int -kx \frac{dx}{dt}\, dt$$

これより，$\frac{1}{2} m \left(\frac{dx}{dt}\right)^2 = -\frac{1}{2} kx^2 + C$ となる．ただし C は定数．したがって，$\frac{1}{2} m \left(\frac{dx}{dt}\right)^2 + \frac{1}{2} kx^2 = C$ が得られ，エネルギー保存の法則の式が得られたことになる．

問題 4 2 つの振動の合成 x は

$$x = x_1 + x_2 = A\cos(\omega t + \alpha_1) + B\cos(\omega t + \alpha_2)$$
$$= A\cos\omega t\cos\alpha_1 - A\sin\omega t\sin\alpha_1 + B\cos\omega t\cos\alpha_2 - B\sin\omega t\sin\alpha_2$$
$$= (A\cos\alpha_1 + B\cos\alpha_2)\cos\omega t - (A\sin\alpha_1 + B\sin\alpha_2)\sin\omega t$$

となる．したがって，振動の合成 x は

$$x = C\cos(\omega t + \beta)$$

ただし，$C = \sqrt{A^2 + B^2 + 2AB\cos(\alpha_1 - \alpha_2)}$, $\beta = \tan^{-1} \dfrac{A\sin\alpha_1 - B\sin\alpha_2}{A\cos\alpha_1 + B\cos\alpha_2}$

という単振動をすることになる．

問題 5 求める速度を v〔m/s〕とすると，運動量保存則より，$(M+m)v = MV$
これより，$v = \dfrac{MV}{(M+m)}$〔m/s〕，周期は $T = 2\pi\sqrt{\dfrac{(M+m)}{k}}$〔s〕となる．振幅を A〔m〕とすると，振動の中心では $v = A\omega$〔m/s〕，角速度 $\omega = \dfrac{2\pi}{T}$〔rad/s〕より

$$A = \frac{v}{\omega} = v\frac{T}{2\pi} = \frac{MV}{M+m}\sqrt{\frac{M+m}{k}} = \frac{MV}{\sqrt{k(M+m)}}\text{〔m〕}$$

また，力学的エネルギーの保存の関係を用いて，答えを導くこともできる．
速度が 0 になるとき，ばねの縮みは最大になるため

$$\frac{1}{2}kA^2 = \frac{1}{2}(M+m)v^2 \text{〔J〕}$$

$$\therefore\ A = v\sqrt{\frac{M+m}{k}} = \frac{MV}{\sqrt{k(M+m)}}\text{〔m〕}$$

索　引

■ア　行

圧縮力 …………………………………… 25
アトウッドの装置 ……………………… 67

位　相 …………………………………… 121
位置エネルギー ………………………… 88

運動エネルギー ………………………… 86
運動の3法則 …………………………… 62
運動の第1法則 ………………………… 62
運動の第2法則 ………………………… 62
運動の第3法則 ………………………… 63
運動の法則 ……………………………… 62
運動方程式 ……………………………… 64
運動量 …………………………………… 72
運動量保存の法則 ……………………… 75

エネルギー ……………………………… 86
遠心力 …………………………………… 92
円すい振り子 …………………………… 93
延　性 …………………………………… 19

往復スライダクランク機構 …………… 54
応　力 …………………………………… 18

■カ　行

回転運動 ………………………………… 102
回転数 …………………………………… 51
回転速度 ………………………………… 51
回転半径 ………………………………… 105
外　分 …………………………………… 15
外　力 …………………………………… 75
角運動量 ………………………………… 110
角加速度 ………………………………… 49

角振動数 ………………………………… 131
角速度 …………………………………… 49
加速度 ………………………………… 33, 52
滑　車 …………………………………… 83
滑　節 …………………………………… 24
加法定理 ………………………………… 30
慣　性 …………………………………… 62
慣性質量 ………………………………… 66
慣性の法則 ……………………………… 62
慣性モーメント ………………………… 105
慣性力 …………………………………… 95
完全弾性衝突 …………………………… 76
完全非弾性衝突 ………………………… 77

基本単位 ………………………………… 7
共　振 …………………………………… 136
強制振動 ………………………………… 134
極慣性モーメント ……………………… 106

空間運動 ………………………………… 103
空気ばね ………………………………… 136
偶　力 …………………………………… 15
組立単位 ………………………………… 7

ケプラーの法則 ………………………… 96
減　衰 …………………………………… 131
減衰力 …………………………………… 131

向心加速度 ……………………………… 53
向心力 …………………………………… 92
剛　節 …………………………………… 24
剛　体 …………………………………… 102
合　力 …………………………………… 4
弧度法 …………………………………… 48
固有振動数 ……………………………… 125

ころがり摩擦係数 …………………… 71
ころがり摩擦力 ……………………… 70

■サ 行
歳差運動 ……………………………… 114
最大（静止）摩擦力 ………………… 68
作用の力 ………………………………… 63
作用・反作用の法則 ………………… 16, 63
三角関数 ………………………………… 30
算式解法 ………………………………… 25

仕　事 …………………………………… 78
仕事の原理 ……………………………… 85
仕事率 …………………………………… 80
質　点 …………………………………… 102
質　量 …………………………………… 66
支　点 …………………………………… 16
ジャイロ効果 ………………………… 115
ジャイロスコープ …………………… 115
斜方投射 ………………………………… 46
周　期 …………………………… 51, 121
重　心 …………………………………… 20
周速度 …………………………………… 49
自由落下運動 …………………………… 42
重　量 …………………………………… 66
重　力 …………………………………… 3
重力加速度 ……………………………… 42
重力質量 ………………………………… 66
重力による位置エネルギー ………… 88
瞬間の加速度 …………………………… 33
瞬間の速さ ……………………………… 32
衝　突 …………………………………… 76
初期位相 ……………………………… 131
振　動 ………………………………… 130
振動数 ………………………………… 121
振　幅 …………………………… 121, 131

垂直抗力 ………………………………… 3
水平投射 ………………………………… 44
スカラー ……………………………… 4, 7
図式解法 ………………………………… 25

静止摩擦係数 …………………………… 69
静止摩擦力 ……………………………… 68
正射影 ………………………………… 120
脆　性 …………………………………… 19
静歩行 ………………………………… 138
接線の向き ……………………………… 32
節　点 …………………………………… 24
センサ ………………………………… 139

総慣性力 ……………………………… 138
相対運動 ………………………………… 36
相対速度 ………………………………… 37
速　度 …………………………………… 32
速度の合成 ……………………………… 36
塑　性 …………………………………… 18

■タ 行
ダッシュポット …………………… 131
縦弾性係数 ……………………………… 19
縦ひずみ ………………………………… 18
ダランベールの原理 ………………… 95
単一器械 ………………………………… 84
単振動 ………………………………… 120
弾　性 …………………………………… 18
弾性係数 ………………………………… 18
弾性衝突 ………………………………… 76
弾性力 …………………………………… 3
弾性力による位置エネルギー ……… 88
ダンパ ………………………………… 137
単振り子 ……………………………… 126
断面二次モーメント ……………… 105
断面半径 ……………………………… 105

力 ………………………………………… 2
力の合成 ………………………………… 4
力の三要素 ……………………………… 2
力のつり合い …………………………… 8
力の分解 ………………………………… 5
力のモーメント …………………… 12, 79
地動説 …………………………………… 96

調速機	94
張　力	3
調和振動	130
直交軸の定理	106
定滑車	83
て　こ	82
天動説	96
等加速度運動	38
動滑車	83
等速円運動	52
等速直線運動	34
動歩行	138
動摩擦係数	70
動摩擦力	70
動　力	80
トラス	24
トラスの構造計算	25
トラスの算式解法	26
トラスの図式解法	25
トルク	12, 79

■ナ　行

内　分	15
内　力	75
投げ上げ投射	43
投げ下ろし投射	42
ニュートン	2, 11
ニュートンの3法則	11
粘性減衰	131

■ハ　行

ばね定数	18
ばね振り子	124
は　り	16
バリニオンの定理	13
反作用の力	63
反発係数	76

万有引力	3, 97
万有引力の法則	97
反　力	16
ひずみ	18
非弾性衝突	76
引張力	25
復元力	123
部　材	24
フック	19
フックの法則	18
物体系	75
振り子の等時性	127
浮　力	3
分　力	5
平均の加速度	33
平均の速さ	32
平行軸の定理	105
平行四辺形の法則	4
平行力の合成	15
並進運動	102
平面運動	102
ベクトル	2, 4, 7
ベクトルの外積	110
ベクトルの内積	79
ポアソン比	19
防振ゴム	136
放物運動	44
放物線	44
保存力	89

■マ　行

摩　擦	68
摩擦角	69
摩擦力	3, 68
みそすり運動	114

面積速度一定の法則 ………………… 96

■ヤ　行
ヤング率 ………………………………… 19

有限要素法 ……………………………… 25

■ラ　行
ラミの定理 ……………………………… 9
ラーメン ………………………………… 24

力学的エネルギー ……………………… 89

力学的エネルギー保存の法則 ………… 90
力　積 …………………………………… 73
輪　軸 …………………………………… 84

■数字・英字
1自由度系 ……………………………… 130

SI接頭語 ………………………………… 11
SI単位 …………………………………… 7

ZMP ……………………………………… 138

〈著者略歴〉

門田 和雄（かどた　かずお）
- 東京学芸大学大学院修士課程（技術教育専攻）修了
- 東京工業大学大学院博士課程（メカノマイクロ工学専攻）修了
- 博士（工学）
- 神奈川工科大学教授

主な著書
- 新しい機械の教科書（第2版）(2013)
- 絵ときでわかる機械材料（2006）
- 絵ときでわかる計測工学（第2版）
  - （以上，オーム社，2018）
- 門田先生の3Dプリンタ入門
  - （講談社，2015）
- トコトンやさしいねじの本
  - （日刊工業新聞社，2010）
- など多数

長谷川 大和（はせがわ　やまと）
- 東京理科大学理学部物理学科卒業
- 東京工業大学大学院修士課程（バイオサイエンス専攻）修了
- 東京工業大学附属科学技術高等学校教諭

主な著書
- 物理基礎　新訂版（共著）(2017)
- 物理　新訂版（共著）
  - （以上，実教出版，2018）
- 熱工学がわかる（共著）
  - （技術評論社，2008）
- など

- 本書の内容に関する質問は，オーム社ホームページの「サポート」から，「お問合せ」の「書籍に関するお問合せ」をご参照いただくか，または書状にてオーム社編集局宛にお願いします．お受けできる質問は本書で紹介した内容に限らせていただきます．なお，電話での質問にはお答えできませんので，あらかじめご了承ください．
- 万一，落丁・乱丁の場合は，送料当社負担でお取替えいたします．当社販売課宛にお送りください．
- 本書の一部の複写複製を希望される場合は，本書扉裏を参照してください．

JCOPY ＜出版者著作権管理機構　委託出版物＞

絵ときでわかる　機械力学（第2版）

2005年 8月15日　第1版第1刷発行
2018年 3月20日　第2版第1刷発行
2023年 4月10日　第2版第4刷発行

著　　者　門田 和雄
　　　　　長谷川 大和
発行者　村上 和夫
発行所　株式会社 オーム社
　　　　郵便番号 101-8460
　　　　東京都千代田区神田錦町3-1
　　　　電話 03(3233)0641(代表)
　　　　URL https://www.ohmsha.co.jp/

© 門田和雄・長谷川大和 *2018*

印刷　中央印刷　製本　協栄製本
ISBN978-4-274-22204-7　Printed in Japan

好評発売中! 《「絵ときでわかる」機械》シリーズ

絵ときでわかる
機械力学（第2版）
- 門田 和雄・長谷川 大和 共著
- A5判・160頁・定価（本体2300円）【税別】

主要目次 機械の静力学／機械の運動学1—質点の力学／機械の動力学／機械の運動学2—剛体の力学／機械の振動学

絵ときでわかる
材料力学（第2版）
- 宇津木 諭 著
- A5判・220頁・定価（本体2500円）【税別】

主要目次 力と変形の基礎／単純応力／はりの曲げ応力／はりのたわみ／軸のねじり／長柱の圧縮／動的荷重の取扱い／組合せ応力／骨組構造

絵ときでわかる
流体工学（第2版）
- 安達 勝之・菅野 一仁 共著
- A5判・266頁・定価（本体2500円）【税別】

主要目次 流体工学への導入／流体力学の基礎／ポンプ／送風機・圧縮機／水車／油圧と空気圧装置

絵ときでわかる
熱工学（第2版）
- 安達 勝之・佐野 洋一郎 共著
- A5判・208頁・定価（本体2500円）【税別】

主要目次 熱工学を考える前に／熱力学の法則／熱機関のガスサイクル／燃焼とその排出物／伝熱／液体と蒸気の性質および流動／冷凍サイクルおよびヒートポンプ／蒸気原動所サイクルとボイラー

絵ときでわかる
機構学
- 住野 和男・林 俊一 共著
- A5判・160頁・定価（本体2300円）【税別】

主要目次 機構の基礎／機構と運動の基礎／リンク機構の種類と運動／カム機構の種類と運動／摩擦伝動の種類と運動／歯車伝動機構の種類と運動／巻掛け伝動の種類と運動

絵ときでわかる
機械材料
- 門田 和雄 著
- A5判・174頁・定価（本体2300円）【税別】

主要目次 機械材料の機械的性質／機械材料の化学と金属学／炭素鋼／合金鋼／鋳鉄／アルミニウムとその合金／銅とその合金／その他の金属材料／プラスチック／セラミックス

絵ときでわかる
機械設計（第2版）
- 池田 茂・中西 佑二 共著
- A5判・232頁・定価（本体2500円）【税別】

主要目次 機械設計の基礎／締結要素／軸系要素／軸受／歯車／巻掛け伝達要素／緩衝要素

絵ときでわかる
ロボット工学（第2版）
- 川嶋 健嗣・只野 耕太郎 共著
- A5判・208頁・定価（本体2500円）【税別】

主要目次 ロボット工学の導入／ロボット工学のための基礎数学・物理学／ロボットアームの運動学／ロボットアームの力学／ロボットの機械要素／ロボットのアクチュエータとセンサ／ロボット制御の基礎／二自由度ロボットアームの設計

絵ときでわかる
計測工学（第2版）
- 門田 和雄 著
- A5判・190頁・定価（本体2300円）【税別】

主要目次 計測の基礎／長さの計測／質量と力の計測／圧力の計測／時間と回転速度の計測／温度と湿度の計測／流体の計測／材料強さの計測／形状の計測／機械要素の計測

絵ときでわかる
機械制御
- 宇津木 諭 著
- A5判・220頁・定価（本体2400円）【税別】

主要目次 自動制御の概要／機械の制御の解析方法／基本要素の伝達関数／ブロック線図／過渡応答／周波数応答／フィードバック制御系／センサとアクチュエータの基礎

もっと詳しい情報をお届けできます。
◎書店に商品がない場合または直接ご注文の場合は右記宛にご連絡ください。

ホームページ http://www.ohmsha.co.jp/
TEL/FAX TEL.03-3233-0643 FAX.03-3233-3440

（定価は変更される場合があります）